高等学校通识教育教材

读懂中国茶

张星海　许金伟　主编

中国轻工业出版社

图书在版编目（CIP）数据

读懂中国茶 / 张星海，许金伟主编. —北京：中
国轻工业出版社，2022.3

ISBN 978-7-5184-3875-4

Ⅰ.①读…　Ⅱ.①张…②许…　Ⅲ.①茶文化—中国
—高等学校—教材　Ⅳ.①TS971.21

中国版本图书馆CIP数据核字（2022）第017229号

责任编辑：贾　磊　　　责任终审：劳国强
整体设计：锋尚设计　　责任校对：宋绿叶　　责任监印：张　可

出版发行：中国轻工业出版社（北京东长安街6号，邮编：100740）
印　　刷：天津图文方嘉印刷有限公司
经　　销：各地新华书店
版　　次：2022年3月第1版第1次印刷
开　　本：787×1092　1/16　印张：7
字　　数：160千字
书　　号：ISBN 978-7-5184-3875-4　定价：42.00元
邮购电话：010-65241695
发行电话：010-85119835　传真：85113293
网　　址：http://www.chlip.com.cn
Email：club@chlip.com.cn
如发现图书残缺请与我社邮购联系调换
201541J1X101ZBW

本书编写人员

主　编　张星海（浙江树人大学）

　　　　许金伟（浙江经贸职业技术学院）

副主编　陈恩海（广西职业技术学院）

　　　　吴　颖（宁波市海曙区农业技术管理服务站）

参　编　桂燕玲（浙江树人大学）

　　　　朱红缨（浙江树人大学）

　　　　王岳飞（浙江大学）

　　　　朱海燕（湖南农业大学）

　　　　张海琼（浙江工贸职业技术学院）

　　　　廖若羽（广西商业技师学院）

　　　　杨　岳（北京吉利学院）

　　　　李　珺（广西师范大学）

　　　　许方媛（滁州城市职业学院）

　　　　虞培力（杭州雅习文化创意有限公司）

　　　　沈蓓芬（宁波城市职业技术学院）

浙江省社科联社科普及课题成果

浙江省哲学社会科学重点研究基地课题项目——
《"互联网＋旅游"的产业融合模式与路径研究》
阶段成果

目前进入21世纪已有二十多个年头，中国茶尤其是中国茶文化得到了极大发展和空前关注，真正呈现了"深深融入中国人生活"的情景。1200多年前的茶圣陆羽所著《茶经》问世，这本世界上第一部最全面、最系统的茶学专著诞生于中国，奠定了中国是茶的故乡的地位。20世纪80年代吴觉农先生在评述陆羽《茶经》之际，为世人诞生了又一部"新茶经"——《茶经述评》，被称赞为"二十世纪的新茶经，茶学的里程碑"。进入新时代，人们在追求美好生活过程中，茶早已成为传承中华文化的重要载体，迫切需要一部既全面精要又浅显易懂，能向世人讲述中国茶故事的经典读本，尤其是向来自国外的爱茶友人和国内非茶学专业人士以及在校学生（包括青少年学生）介绍中国优秀的茶文化。

在第19届亚运会刚刚宣布于2022年在杭州举办时，我萌生撰写《亚运国饮》系列图书的想法，但由于事务缠身，一直无法动手，决定在亚运会举行前两年先组织来自全国各地爱茶者组成团队，编写一部《读懂中国茶》并制作配套的在线精品课程，同时也为《亚运国饮》系列图书撰写与宣传积累一定经验。

一片叶子成就了一个产业，一个产业富了一方百姓。2013年我国发出"一带一路"（"丝绸之路经济带"和"21世纪海上丝绸之路"的简称）倡议，将充分依靠中国与有关国家既有的双边、多边机制，借助既有的、行之有效的区域合作平台。"一带一路"中的绝大多数国家，都与茶紧密相连，丝绸之路，因此从某种意义上也可以解读成丝茶之路。2016年10月，农业部再次发文，要求结合实施"一带一路"倡议，组织茶产品"走出去"，弘扬中国茶文化，创响中国茶品牌；深入挖掘中国茶文化的丰富内涵和深刻精髓，讲好中国优秀文化故事，展示中国茶艺，传播中国茶文化。

2017年5月，首届中国国际茶叶博览会在杭州举行并永久落户杭州。习近平总书记在首届茶叶博览会贺信中指出，要把国际茶博会打造成中国同世界交流合作的一个重要平台，共同推进世界茶业发展，谱写茶产业和茶文化发展新篇章。2017年10月18日，中国共产党第十九次全国代表大会（简称十九大）在北京召开，首次界定进入新时代，社会主要矛盾是"人民日益增长的美好生活需要和不平衡不充分的发展之间的矛盾"。并将实施"健康中国"战略提升到国家整体战略层面统筹谋划。2019年6月，国务院办公厅印发《健康中国行动组织实施和考核方案》。

从文化人角度来观察，茶文化具有"教育人民、服务社会、引领风尚"的育民功能；从文化印角度来观察，茶文化具有"人过留痕，文过留印，化则升华"的惠民功能；从文化国角度来观察，茶文化具有"每个人全面、自由发展"的富民功能。我们要坚持道路自信、理论自信、制度自信，最根本的还有一个文化自信，文化自信是更基本、更深沉、更持久的力量。2017年1月，《关于实施中华优秀传统文化传承发展工程的意见》颁发，这是第一次以中央文件的形式阐述了中华优秀传统文化的传承发展，从根本上体现了中国共产党深刻的文化自觉和自信。茶文化作为中华文化一体两翼中的重要一翼，在弘扬中华文化、坚守文化自信进程中，做好茶文化教育与培训是每位爱茶人士义不容辞的责任与担当。2009年，首届"全民饮茶日"活动于4月20日（谷雨日）顺利举行，得到各地响应，自此作为全国每年宣传科学饮茶的重要茶事活动。2019年11月，联合国大会宣布每年5月21日为"国际茶日"。

2013年开始举办全国职业院校中华茶艺技能竞赛，2014年开始举办全国茶艺与茶文化类专业骨干师资培训，2015年教育部要求所有招生必须参照国家统一专业目录，在招生目录出现了"茶艺与茶叶营销"和"茶树栽培与加工"两个专业。在茶艺竞赛的激励和带动下，很多地方都开始设立"茶艺与茶叶营销"专业，很多学校也纷纷开设茶艺选修课程或组建茶文化社团，极大地促进了茶文化教育、培训的发展。在中职学校层面有全国职业院校手工制茶竞赛，在本科院校有全国大学生茶艺技能竞赛，在社会上有人力资源和社会保障系统的全国茶艺职业技能竞赛等赛事。2017年12月，国务院办公厅颁发的《关于深化产教融合的若干意见》中提出，要求创新教育培训服务供给。鼓励教育培训机构、行业企业联合开发优质教育资源，大力支持"互联网＋教育培训"发展。将工匠精神培育融入基础教育，组织开展"大国工匠进校园"活动。

2017年9月，教育部、财政部、国家发展改革委公布世界一流大学和一流学科建设名单。2019年1月，"职教20条"出台，2019年在教育部中职教育招生目录中出现了"茶艺与茶营销专业"和"茶叶生产与加工技术"专业。从2020年开始推进"1＋X证书"改革，高职提出双高（高水平院校、高水平专业群）计划。一系列政策、法规，都为茶教育与茶科技提供了一个无比宽广的发展空间。

如何将历史悠久、底蕴深厚、纷繁博大的中国茶装入一本书，同时还要容纳21世纪中国茶发生的新变化，内容该怎样裁剪、标准该怎样抉择；少一些人云亦云的附和，多一些个性化的思考与检省，是摆在撰稿人面前的一大课题。

为民族传艺，为创新溯源；以茶育德，以文化人。文化传播如同黑夜里点燃的火把，若火把仅是燃在山洞，只能照亮一个角落，假如将火把置于山顶，却能照亮整片森林！

张星海
于杭州爱习茶苑

《读懂中国茶》配套精品在线开放课程（慕课）
使用方法

一、教师使用慕课的方法

1. 移动终端设备上的应用

先在手机等移动终端设备上安装"学习通"应用程序（APP），注册后登录，查找并加入《读懂中国茶》慕课，就可以用手机等移动终端设备免费随时随地学习，并方便与课程教师交流在线课程建设、应用经验。

2. 计算机设备上的应用

首先进入课程网站（https://www.xueyinonline.com/detail/221939974），点击页面右上角的"登录"，用"学习通"应用程序上已经注册的账号和密码登录。进入课程后就可以回答学生的问题或进行课程讨论。

二、学员使用慕课的方法

1. 学生班级建课学习

若以班级形式建课，授课教师请与《读懂中国茶》课程负责老师联系（许老师，QQ：554274435），创建班级，生成班级二维码，学生下载"学习通"应用程序（APP），注册后扫描班级二维码进入班级后，开始课程学习。

2. 社会人员学习

社会人员可通过"学习通"应用程序（APP）微信扫描下方的二维码或登录下方网址，加入课程，即可进行学习并参与讨论。

（https://www.xueyinonline.com/detail/221939974）

目 录
Contents

第一章

我的故乡在中国

第一节　中国是茶的故乡

一、中国人的先祖哪里来

中国古代伟大的诗人——楚人屈原写下了一首了不起的诗篇《天问》。在这首长诗里，屈原从哲学的高度，叩问天地万物究竟是谁创造、人类又从何而来。他不相信女娲造人的传说——"女娲有体，孰制匠之？"女娲又是谁造的呢？

人类从何而来？屈原这个深沉的发问是人类一代又一代绵延不尽的永恒的问题，至今没有确切的答案。500万年前的古人实际上是刚刚进入人类门槛的猿——类人猿。这种猿的化石最早从非洲出土，称之为南方古猿。而南方古猿的直系祖先是距今1400万年前的腊玛古猿，这种化石最早见于非洲。

1956年和1975年，在中国云南省开远市和禄丰县先后发现了与"腊玛古猿"同一时代古猿化石。这一发现让中国的人类学家分外兴奋，说明在古老中华大地上有本地"土产"的猿类先祖，进化成为古老的中国猿人。

中国人来自中国大地。所以在开远、禄丰，腊玛古猿化石的发现地刻石建碑，永资纪念。于此先后，在印度等地也发现了这种古猿的化石，于是人类学家说古人类的起源或许不只非洲一地，而是多地。

印度、中国也是人类的故乡，这份荣耀大约可以安慰和回答屈原老夫子那永不休息的耿耿之心。1974年在东非大裂谷所在的埃塞俄比亚，发现了一具保存住40%遗骸的雌性猿人骨架，距今超过300万年，人类学家为她取了个甜美的名字"露西少女"；加上非洲出土的大量早期人类化石，构成一个完整的进化体系。1921—1929年，中国发现"北京人"化石（距今50万年前），中国人起源于中国，更成了结实的理论。中国先民在进入智人阶段之后，创造了灿烂的文化和文明，这是不争的事实。

二、中华民族的人文先祖：炎帝、黄帝和蚩尤

公元前2500年前后，古埃及强大的舰队穿越波涛汹涌的大海，远达腓尼基和红海索马里沿岸，以武力保护贸易，整个国家正风行对太阳神的崇拜。这时的中国也开始了一场永远写在中国历史前几页的战争——"炎黄蚩尤涿鹿之战"。"战争"的目的，是双方为了争夺适于牧放和浅耕的中原地带。涿鹿之战对于古代华夏族由野蛮时代向文明时代的转变产生过重大的影响。神农氏是上古时期的重要部族领袖，神农炎帝，传说中的农业和医药的发明者，他遍尝百草，有"神农尝百草"的传说。《神农本草经》记载："神农尝百草，日遇七十二毒，得荼而解之。"炎帝、黄帝、蚩尤，为了部族的生存而战，在战争中，又彼此交融，开辟了中华民族生息的沃土，无论胜者还是败者，他们的美名都永存于青史。

神农氏被世人尊称为"药祖""五谷先帝""神农大帝""地皇"等，是传说中的农业和医药的发明者。他教人医疗与农耕，掌管医药及农业的神祇，能保佑农业收成、人民健康，更被医馆、药行视为守护神。

传说神农氏尝尽百草，只要药草是有毒的，他服下后受毒害的内脏就会呈现黑色，因此什么药草对于人体哪一个部位有影响就可以轻易地知道了。

《神农本草经》中的"荼"就是现在的"茶"。根据这个记载，推断茶的发现和利用具有5000年历史，茶最早是作为药用的。

三、茶树原产地考

中国是茶树的原产地，中国是世界上最早发现、利用和栽培茶树的国家，世界各国的茶树都是由中国传播种植的，一向为世人所公认。但在中华人民共和国成立前很少有人研究茶树原产地的问题，国外学者认为茶树原产地不在中国。为了维护祖国茶叶的声誉和科学的尊严，对于违反科学，不顾客观事实，企图动摇人们对中国是茶树原产地的信念，否定中国茶树在世界上产销的光荣历史的种种谬论，中国的茶学专家努力做出抗争。早在1922年，年仅26岁的吴觉农（吴觉农像见图1-1）怀着一份沉重的责任，直面洋人的挑战，有敢承天下大业的创新精神，以智慧和热血追求真知，从日本回国后专心研究，于1923年撰写了《茶树原产地考》（《中华农学会报》第37期），该文对茶树起源于中国作了论证。文末得出结论："要想把中国以外的国家当作茶的家乡，仿佛想以阿美利克思（意大利航海者）来替代哥伦布，或

图1-1　吴觉农像

是以培根去替代莎士比亚啊"！在茶树原产地研究中，吴觉农除了批驳以勃鲁士为代表的原产于印度的观点外，还批驳了印度尼西亚的科恩·斯徒（1919年）主张"大叶种和小叶种分属于两个不同原产地"的"二元论"。吴先生在"中国西南地区是世界茶树的原产地"论文中，借助于古生物学的理论，结合我国西南地区的地质、气候变迁，茶树的亲缘关系和变种类型的演化和茶文化史实，全面论证我国西南地区的云贵高原地带是茶树原产中心。

吴觉农自20世纪20年代发表"茶树原产地考"一文后，经过半个多世纪的潜心研究，于1978年在昆明召开的中国茶叶学会学术讨论会上，发表了颇有学术见地的《中国西南地区是世界茶树的原产地》。这一雄文有很多学术亮点，一是以我国悠久的茶叶历史和广泛的茶树野生植被论证茶树原产于中国西南地区。通过植物分类学系统，可以找到它的亲缘。山茶科植物共有23属380余种，分布在我国西南的有260多种。就茶属来说，已发现的约100种，我国西南地区即有60多种，符合起源中心在某一地区集中的立论。二是对茶树原产地的争论进行全面评述，对茶树原产于印度论、大叶种和小叶种茶树分属二个不同原产地的二元论、凡是自然条件适宜又有野生茶树的地方都是茶树原产地的多元论、茶树原产于伊洛瓦底江发源处的某个中心地带的折中论逐一进行了深入批驳。三是以古地理、古气候、古生物学的观点，从茶树的种外亲缘论证中国西南地区是世界茶树的原产地。四是从茶树的种内变异，论证中国西南地区是世界茶树的原产地。茶树的变异，以热带型的阿萨姆种为一个极端，到温带型的小叶种为另一个极端，它们拥有一个共同的祖先。

吴觉农造诣高深，学识广博，把茶树原产地研究拓展到古地理学、古地质学、古气候学、古生物学和植物学等多个学科，是一位典型的具备交叉学科专业背景的茶学大师。以自己的学术创新实力和骄人的业绩向世人展现，创立"中国西南地区是世界茶树的原产地"学说，谱写了茶树原产于中国的新篇章。

吴觉农最早提出中国茶业改革方准。吴觉农早年在日本留学时（1922年）就发表了《中国茶业改革方准》一文，2万余言，从培育人才、体制改革、资金筹措等方面提出了全面改革方案。他还倡导制定中国首个茶叶检验标准。1931—1937年，吴觉农在上海商品检验局工作期间，目睹华茶出口弊端，倡导制定了"出口茶叶检验流程、实施细则"，实施"出口茶叶产地检验"制度。

吴觉农创建第一个茶叶系和专修科。1940年，重庆的复旦大学创建了中国培养高级茶叶科技人才的第一个茶叶系和茶叶专修科，出任创系主任，为中国茶学高等教育体系建设奠定基础。

吴觉农创建第一个国家级茶叶研究所。1941年，在福建崇安的武夷山麓，成立中国第一个国家级茶叶研究所，吴觉农出任创所所长。并创办发行《茶叶研究》期刊，让中国茶业见到科技希望之光。

吴觉农组建新中国第一家国营专业茶公司——中国茶叶公司。1949年10月，吴觉农出任农业部副部长，根据中央财委指示，负责组建由农业部与外贸部共同领导的中国茶叶公司，兼任经理。

吴觉农倡导建立中国茶叶博物馆。1989年，以吴觉农为首的28位全国著名茶人签署《筹建中国茶叶博物馆意见书》，1991年开馆。

第二节　茶圣陆羽和茶经心得

一、茶圣陆羽·一之人

（一）自古寒门出贵子，从来纨绔少伟男，苦难人生

陆羽是个被僧人收养的弃婴。就是这样一个出生连寒门都算不上的人，成为"夫茶之著书，自羽始；其用于世，亦自羽始。羽诚有功于茶者也。……山泽以成市，商贾以起家，又有功于人者也。"

（二）人生自是有情痴，此恨不关风与月，人间真情

陆羽有一个红颜知己叫李季兰（李冶），传说陆羽被僧人捡来后寄养在李季兰家，当时李季兰刚满周岁，两个孩子在一起生活七八年，可以说青梅竹马、两小无猜，之后李季兰跟随父亲返回故乡湖州，这就是为何陆羽学成后要到浙江湖州定居的一个缘由吧。就是在浙江湖州—嵊州这片热土上，陆羽通过忘年交皎然又一次与儿时的伙伴李季兰相聚，在其鼓励下，诞生了世界上第一部茶学专著《茶经》。

（三）纸上得来终觉浅，绝知此事要躬行，躬身力行

荀子说："不登高山，不知天之高也；不临深谷，不知地之厚也。"陆羽从21岁开始游历天下，足迹遍布巴山蜀水、荆楚大地、吴越山川的茶树生长之地，可谓风餐露宿。经过16年的游历后，将自己这些年的茶事见闻和专研所得撰写成书，五年后完成《茶经》初稿，后来又用五年时间增补修订，历时26年，终将世界第一部、仅7200余字的茶学专著《茶经》完成。

（四）知之不如好之者，好知不如乐之者，以此为乐

陆羽从小不喜欢念经，喜欢饮茶泡茶，但师父不准他泡。他立下志向"喝遍天下的水，饮遍天下的茶"。陆羽的一生，就像那起浮回旋的茶叶，虽然一路冲荡，却终得茶香般的善果。他开启了一个茶的时代，为世界茶业发展做出了卓越贡献。陆羽被尊为"茶圣"（图1-2），基本上是他逝世以后的事情。在他生前，他虽然以嗜茶、精茶和《茶经》一书名播社会或已有"茶仙"的戏称，但在世人眼中，他不是以茶人而是以文人的形象出现并受到推崇。这其实给了人们一种处理兴趣爱好和本职工作关系的方法。

图1-2　陆羽像

二、茶经心得·二之形

（一）察天时以授民，则历象不可不谨也

《茶经》诞生于唐朝（618—907）的中期（764—780），唐朝是我国封建社会国力最强盛、经济最发达、文化最繁荣的朝代。国家的统一、交通的发达（隋统一全国并修凿了一条贯穿南北的运河）以及南北文化交流的密切，都为茶叶生产和传播提供便利条件。佛教的发展与繁荣，为唐朝茶文化的兴起奠定了基础（这或许也是为陆羽撰写《茶经》提供便利）；宫廷对饮茶文化的重视，也推动了唐朝茶文化的发展（陆羽当时居住的长兴就是贡茶院的建造地，也为陆羽研制明前贡茶提供便利）。

（二）司空掌邦土，居四民，时地利

《茶经》之所以能诞生于中国，很大程度上取决于中国是茶的故乡，西南的云贵川地区是野生茶的发源中心。那么《茶经》为何会产生于中国的唐朝呢？其实与中唐时期的茶叶生产发展有很大关系，因为陆羽生活的时代，唐朝茶叶已经有很大发展，茶区已经遍及今天的十五个省。还有《茶经》为什么会完成于浙江湖州呢？除了陆羽游学路迹之因外，更大程度浙江湖州靠近安徽、江苏，基本上可以算是当时茶叶生产发展相对较好的中心地带了，这是否也为后来浙江杭州被定为茶都种下因缘呢？当然《茶经》之所以能够诞生于中国、产生于唐朝、完成于浙江，还有一个重要的因素，那就是当时已经兴盛的京杭大运河和开挖完成的隋唐大运河给考察茶区情况提供交通便利。

（三）更有人和胜天时，地利攻守相攸关

"天喜时相合，人和事不违。"具有如此崇高地位的《茶经》，为何偏偏有一个并没有什么太大影响力的陆羽去撰写完成呢？陆羽到底有什么人和优势去完成流芳百世的不朽经典呢？大概有三个方面的优势。第一，在唐朝茶叶通常有三个方面的作用，一是饮品、二是贡品、三是祭品。第二，一个取得巨大成功的人士，他一定生活在一个专家云集的时代，这些同时代的专家们一定对陆羽给予提携或产生影响；因此每个取得丰功伟绩之士，在他周围一定有一群互帮互助的仁贤挚友！第三，一个要想在某一领域取得丰功伟绩，尤其是这些需要灼烧脑细胞的著书立说的工作，更需要异性好友知己。因此我们鼓励年轻的大学生朋友可以多交净友、交异性朋友，甚至于男女朋友，只要引导正确、把握好度，往往对双方以后的事业都有互利互鉴作用。

（四）何必寻木千里，乃构大厦，鬼神之言，乃著篇章

《茶经》这部著作7200多字，共三卷十章。卷上为三章：一之源；二之具；三之造。卷中为一章：四之器。卷下为六章：五之煮；六之饮；七之事；八之出；九之略；十之图。7200余字已是旷世神作，但经典名著不在于字数多寡，我们现在的专著也好，论文也罢，不管框架结构搭配是否合适，不管内容如何，字数不够很难发表三卷十章，每卷撰写角度不同，循序渐进；各章详略迥异，几章撰写堪称经典，通常一篇著作有一两章很是超凡脱俗，就已经很是了不起了。

三、茶经述评·三之文

（一）高山仰止，景行行止

在《茶经》中，后人最喜欢引用的名句（最常为后人引用的《茶经》名句）通常有"茶者，南方之嘉木也。""茶之为用，味至寒，为饮，最宜精行俭德之人。"（一之源）；"其水，用山水上，江水中，井水下。"（五之煮）；"茶之为饮，发乎神农氏，闻于鲁周公。""天育万物，皆有至妙。"（六之饮）；"茶茗久服，令人有力，悦志。""密赐茶荈以代酒。""汝既不能光益叔父，奈何秽吾素业？""苦茶久食，益意思。"（七之事）。其中，南方嘉木、精行俭德、以茶代酒、以茶养廉，都成了中国茶道的重要思想基础。

（二）他山之石，可以攻玉

在《茶经》中，可以给后人提供茶叶生产和茶事活动很好的指导的论据（最有借鉴价值的《茶经》论据）通常有"野者上，园者次。"（一之源）；"凡采茶在二月、三月、四月之间。"（三之造）；"若好薄者，减之，嗜浓者，增之，故云则也。"（四之器）；"至美者曰隽永。隽，味也；永，长也。味长曰隽永。""茶性俭，不宜广，广则其味黯澹。"（五之煮）；"茗，苦茶，味甘苦，微寒，无毒。""利小便，去痰渴热，令人少睡。"（七之事）。其中，生态茶园、科学饮茶、意味隽永、苦茶回甘、利尿清热，都成了科学沏茶和健康饮茶的重要理论基础。

（三）言者无罪，闻者足戒

在《茶经》中，有陆羽当时个人认识出现偏颇，也有当时认识正确，但随着时代发展，目前已经不合时宜的论断（不再有指导意义的《茶经》论断）。通常有"其地，上者生烂石，中者生砾壤，下者生黄土。""阳崖阴林，紫者上，绿者次；笋者上，牙者次；叶卷上，叶舒次。""阴山坡谷者，不堪采掇，性凝滞，结瘕疾。"（一之源）；"茶之笋者，生烂石沃土，长四五寸，若薇蕨始抽，凌露采焉。""其日有雨不采，晴有云不采。"（三之造）；"其饮醒酒，令人不眠。""秋采之苦，主下气消食。"（七之事）。其中，烂石砾壤、阳崖阴林、有雨不采，都有一定道理，到目前仍然可以指导茶叶生产，但是，紫者上、结瘕疾、有云不采，这些论断有明显错误，饮醒酒、秋采苦及茶叶生产土壤论断都要具体问题具体分析，不能一概而论了，需要我们引以为戒。

（四）山不厌高，海不厌深

在《茶经》中，除了陆羽著书立说给后人留下一本旷世巨作之外，还有很多撰写文章的方法，辩证创新思维也是值得学习借鉴（别样的思维呈现于《茶经》语句）。在文章撰写上如"其树如瓜芦，叶如栀子，花如白蔷薇，实如栟榈，茎如丁香；根如胡桃。"（一之源）很好地利用大家比较熟悉的事物，向大家介绍一个新事物；"其名，一曰茶，二曰槚，三曰蔎，四曰茗，五曰荈。"（一之源）；"晴，采之，蒸之，捣之，拍之，焙之，穿之，封之，茶之干矣。"（三之造）；"纸囊，以剡藤纸白厚者夹缝之。以贮所炙茶，使不泄其香也。"（四之器）；"其沸，如鱼目，微有声，为一沸；缘边如涌泉连珠，为二沸；腾波鼓浪，为三沸。已上水老，不可食也。"（五之煮）；"夫珍鲜馥烈者，其碗数三。"（六之饮）；"其煮器，若松间石上可坐，则具列废。"（九之略）；"以绢素或四幅或六幅，分布写之，陈诸座隅。"（十之图）。辩证思维、思维导图等系列方法，在当下仍有很重要意义，不过需要换个学习角度。

第三节　古今中国茶之路

一、茶马古道就是一首激荡千年的歌

> 青藏阳光，穿过风雨，茶马古道上，传来远行的马铃声，
>
> ……
>
> 你是一幅悠长的画卷，传承着历史与未来，茶马古道；
>
> 你是一条生命的长河，激荡千年繁华，茶马古道。

在横断山脉的高山峡谷，在滇、川、藏"大三角"地带的丛林草莽之中，绵延盘旋着一条神秘的古道。这条神秘的古道就是世界上地势最高的文明传播古道之一的"茶马古道"（1991年云南大学老师木霁弘等6人首次考察命名"茶马古道"并于次年出版著作《滇藏川大三角文化探秘》，才有了茶马古道的盛名）。茶马古道是一个非常特殊的地域称谓，是一条世界上自然风光非常壮观、文化非常神秘的旅游绝品线路，它蕴藏着开发不尽的文化遗产。2013年3月5日，茶马古道被国务院列为第七批全国重点文物保护单位。

茶马古道是指存在于中国西南地区，以马帮为主要交通工具的民间国际商贸通道，是中国西南民族经济文化交流的走廊。茶马古道源于古代西南边疆的茶马互市，兴于唐宋，盛于明清，第二次世界大战中后期最为兴盛。历史上的茶马古道并不只一条，而是一个庞大的交通网络。它是以川藏道（3100多千米）、滇藏道（3800多千米）与青藏道（甘青道）三条大道为主线，辅以众多的支线、附线构成的道路系统。地跨川、滇、青、藏，向外延伸至南亚、西亚、中亚和东南亚，远达欧洲。隋唐时期，随着边贸市场的发展壮大，加之丝绸之路的开通，中国茶叶以茶马交易的方式，经回纥及西域等地向西亚、北亚和阿拉伯等地区输送，中途辗转西伯利亚，最终抵达俄国及欧洲各国。

茶马古道是我们中国人创造发明的、自己论证的、自己一步步走出的，是在前人的基础上创造了一个震惊世界的品牌。茶马古道是人类历史上海拔最高、通行难度最大的高原文明古道，是汉、藏民族关系和民族团结的象征和纽带，是迄今我国西部文化原生形态保留最好、最多姿多彩的一条民族文化走廊，茶旅融合的一个黄金路线；传承与保护利用茶马古道资源，对弘扬中华民族优秀传统文化、提升川滇藏区人们追求美好生活质量有极大促进作用。

二、茶船古道和万里茶道话沧桑

茶船古道和茶马古道是同样重要的茶叶流通和商贸通道，只不过一条是水路，另一条是旱路。2005年梧州学院的中国广西六堡茶研究院彭庆中老师为了研究方便，首先提出了"茶船古道"概念。2008年3月在《西江都市报》分四期连载《茶船古道话沧桑》一文，正式把将六堡茶运销穗港澳并转口南洋的这条古老运茶航路命名为"茶船古道"。

茶船古道是发端最早可以追溯到宋代，为输出梧州六堡茶而形成的一条独特的国际贸易大通道。这条水上运输通道以茶叶为媒介，以船为主要载体，以上万公里的航运线路为纽带，在数百年间不断推动着沿线国家和地区的繁荣发展。这条以梧州市苍梧县六堡镇为起点，以六堡茶为媒介，以船为主要载体，以六堡河、东安江、贺江、西江数百公里长的航道为纽带，形成由广西东部连接广东，再连接海上丝绸之路，对外延伸上万公里，通达港澳地区、东南亚地区和日本，以及欧美各地的经济商贸和文化交流大通道，即为"茶船古道"。

万里茶道指从1689年中国与沙皇俄国签订《尼布楚条约》开始到1924年结束，以茶叶贸易为主、连接欧亚大陆的国际商贸古道。万里茶道，在源远流长的东西方贸易史中，有一条横跨亚欧大陆的国际古商道为人津津乐道。这条始于17世纪，绵延1.4万多千米的古商道从南到北，纵贯中国八个省区，从亚到欧，跨越中、蒙、俄三国。它途经福建、江西、湖南、湖北、河南、山西、河北、内蒙古，一直向北延伸；从东到西延伸至俄罗斯东部地区，成为沟通亚欧大陆农耕文明、草原游牧及西方近代工业文明的国际通道。

万里茶道是一条以茶叶贸易为媒介，贯通亚欧大陆文明的重要文化线路，深刻地影响了沿途各地的文化、商业、工业和建筑、生活方式以及宗教信仰。它南起中国福建省武夷山区，经水陆交替运输北上，经汉口、张家口集散转运，经过库伦（今蒙古共和国首都乌兰巴托），至清代中俄边境的通商口岸城市恰克图。此后辗转销往西伯利亚、莫斯科、圣彼得堡和欧洲其他国家。其参与人口之多、行径的区域之广、商品流通量之大、对历史文化影响之深，完全可以与"丝绸之路"相媲美。

作为古代丝绸之路衰落后在欧亚大陆兴起的又一条国际商路，它见证了茶叶成为国际商品的世界贸易兴盛时期。2013年3月，习近平主席在俄罗斯莫斯科国际关系学院演讲时提到"万里茶道"是连通中俄两国的"世纪动脉"，引发了社会各界对"万里茶道"的广泛关注。

三、从"一带一路"倡议到国家战略

在2013年9月和10月分别提出建设"新丝绸之路经济带"和"21世纪海上丝绸之路"的构想，以期开创中国全方位对外开放新格局。经过一年多的酝酿，"一带一路"正从构想走向落实。"一带一路"旨在借用古代"丝绸之路"的历史符号，高举和平发展的旗帜，主动地发展与沿线国家的经济合作伙伴关系，共同打造政治互信、经济融合、文化包容的利益共同体、命运共同体和责任共同体。

丝绸之路是起始于中国，连接古代亚洲、非洲和欧洲的陆上商业贸易路线。从运输方式上分为陆上丝绸之路和海上丝绸之路。丝绸之路是一条东方与西方之间在经济、政治、文化进行交流的主要道路。它最初的作用是运输中国古代出产的丝绸、瓷器等商品。1877年德国地理学家费迪南·冯·李希霍芬在其出版的著作《中国——我的旅行成果》中，将其命名为"丝绸之路"。

由于当下的中国产能过剩、外汇资产过剩；油气资源、矿产资源对国外的依存度高；工业和基础设施集中于沿海，如果遇到外部打击，容易失去核心设施；中国边境地区整体状况处于历史最好时期，邻国与中国加强合作的意愿普遍上升。在秉承共商、共享、共建原则下，倡导"一带一路"，在通路、通航的基础上通商，易于形成和平与发展新常态。

"一带一路"倡议的实质为：在国内，通过新亚欧大陆桥等主通道将中国中西部地区、沿边地区对外开放与东部沿海地区对外开放结合起来，形成海陆统筹、东西互济的开放新格局；在国际上，以传统陆海丝绸之路沿线国家基础设施互联互通建设为轴，以标志性项目、境外经贸合作区和跨境经济合作区为点，在基础设施互联互通的基础上，以境外合作园区为依托，通过商贸、产能合作，重构国际物流链、产业链、价值链，形成新的国际区域合作产业带，实现经济共荣、贸易互补、民心相通。

"一带一路"是中国与丝路沿途国家分享优质产能、共商项目投资、共建基础设施、共享合作成果，内容包括道路联通、贸易畅通、货币流通、政策沟通、人心相通"五通"，肩负着三大使命：探寻经济增长之道；实现全球化再平衡；开创地区新型合作。

全球八成茶叶产自"一带一路"沿线地区。在"一带一路"的倡导下，世界已经构建起了一个跨区域、跨文化、全方位的茶叶国际贸易经济走廊，每年全球有80%以上的茶叶产自"一带一路"，同时也扩大了中国茶叶出口的市场。中国是世界第一大茶叶生产国和消费国，第二大茶叶出口国，中国茶园面积占到世界茶园面积的60%以上，茶叶产量占到世界茶叶产量的50%以上，茶叶出口量占到世界茶贸易总量的20%以上，中国茶叶在国际茶叶市场占有重要地位。

但中国茶如何走出去仍是问题。中国是茶的最大原产国，在近百年的历史中一直处于世界茶叶贸易的首位，然而随着国际茶叶市场及消费需求的转变，以印度、斯里兰卡等为代表的红茶出口国，成了中国茶叶国际贸易强有力的竞争者。市场主导的茶价、产品结构、生产方式、生产国劳动力情况等因素影响了中国茶的贸易，世界茶叶价格始终徘徊在每千克5美元左右，我国茶叶出口虽然略高于平均价，但几十年来基本没有较大提升，相比国内价格相差甚多，加上国内茶叶生产成本不断增加，中国茶叶很难在国际市场占据优势，茶叶国际贸易发展走入瓶颈期。"一带一路"倡议，为中国茶叶走向国际市场提供一个广阔空间。

讲好中国茶故事。中国茶的文化源远流长，也与产业发展休戚相关。促进中国茶文化和沿线国家的相互沟通，是茶叶营销宣传、产品创新、产业衍生的重要支持力量，通过文化交流的纽带将中国茶的人文情怀获得他国认同，加强"一带一路"茶叶的生产交流和合作。中国茶文化是中国饮食文化的重要组成部分，有着悠久丰厚的历史底蕴和深远影响力，融合了儒释道哲学思想，"廉美和敬"中国茶德和"俭清和静"中国茶礼，高度契合了"一带一路"倡议"和平合作、开放包容、互学互鉴、互利共赢"的丝路精神。加强中国茶文化对外传播。讲好中国茶故事，在全球培育消费中国茶习惯，是中国茶、世界香的重要内涵，更是世界逐步认同中国文化的重要路径。

第二章

丰富多彩的中国茶

第一节　形形色色的六大茶类

一、古代茶叶分类

　　我国是茶树原产地，利用茶叶也最早。中国古代茶类划分随朝代而变化。制茶起源时期，为三国魏（220—266）以前，人们最早创制的茶是绿茶。由于茶树生长具有季节性，为了能常年饮茶，将采下的茶树鲜叶，直接晒干收藏。饮茶最初采用生煮羹饮的方式，基本停留在半食半饮状态。

　　《茶经》记载了茶叶制作的过程："蒸之，捣之，拍之，焙之，穿之，封之，茶之干矣"（图2-1）。唐朝中期只生产绿饼茶，绿茶的杀青是采用蒸汽杀青。唐代"饮有粗茶、散茶、末茶、饼茶"；宋代"茶有二类，曰片茶，曰散茶"；元代，根据鲜叶老嫩度不同，将散茶分为"芽茶"和"叶茶"两类；明代，已经有绿茶、黄茶、黑茶、白茶（白化苗茶）、红茶之分；清代，青茶、白茶的记载出现，六大茶类基本齐全。

图2-1　唐代绿茶制作

二、近现代茶叶分类

（一）我国茶叶分类

我国茶叶依照发酵程度分为全发酵、半发酵及不发酵茶；依照制茶形状分为散茶、副茶、砖茶、束茶、饼茶等；依照制茶程序分为毛茶、精茶；依照消费市场分为内销、外销、侨销、边销茶等；依照加工工艺分为绿茶、黄茶、黑茶、白茶、青茶（乌龙茶）、红茶（表2-1）。国外茶叶分类中，欧洲仅将茶分为绿茶、红茶、乌龙茶；日本将茶分为不发酵茶（绿茶）、半发酵茶（白茶、乌龙茶）、全发酵茶（红茶）、后发酵茶（黑茶）和再加工茶（袋泡茶、速溶茶、茶饮料）等。

表2-1　六大基本茶类的比较

茶类	特征工序	品质特征	主要品种	属于何种发酵
绿茶	杀青	清汤绿叶	炒青、烘青、蒸青	不发酵
黄茶	闷黄	黄汤黄叶	广东大叶青、蒙顶黄芽	后发酵
黑茶	渥堆	色泽油黑 汤色橙红	砖茶、普洱熟茶、六堡茶	后发酵
白茶	萎凋	茶芽满披 白毫汤色浅淡	白毫银针、白牡丹	微发酵
青茶 （乌龙茶）	做青	青蒂绿叶红镶边汤色金 黄香高味醇	凤凰单丛、武夷岩茶、铁观音	半发酵
红茶	发酵	红汤红叶	红碎茶、工夫红茶	全发酵

加工绿茶，鲜叶必须首先通过高温杀青，破坏酶的活性，使茶多酚不被氧化，形成清汤绿叶等品质特点，故绿茶又称为不发酵茶。加工红茶，鲜叶则需要充分利用酶的生物化学作用，即利用多酚氧化酶等酶系的活性增强，使茶多酚发生一系列的生化反应（图2-2），形成"红汤红叶"的品质特质，故红茶又称为全发酵茶。加工青茶（乌龙茶）则介于红茶、绿茶之间，摇青使叶缘摩擦损伤，促使发酵红变后再进行杀青，形成"绿叶红镶边"的品质特征，故称为半发酵茶。加工其他茶类，如黄茶、黑茶经杀青后，再堆闷，促使多酚类进行非酶促的自动氧化，形成"黄汤黄叶"的品质特征，称为后发酵茶。白茶则是将采下的多毫芽叶，摊放风干，让白毫尽可能保留而披在芽叶上形成"白毛披身"的品质特征，称为微发酵茶。

（二）陈椽教授经典茶叶分类

安徽农业大学陈椽教授于1979年发表的《茶叶分类的理论与实际》论文指出："科学的茶叶分类方法必须具备以下几个条件：一是必须表明茶叶品质的系统性；二是必须表明制法的系统性；三是必须表明内含物质变化的系统性。"陈椽教授根据茶叶制法和品质的不同，参照习惯上的分类，按照黄烷醇含量的次序，将茶分为绿茶、黄茶、黑茶、白茶、青茶、红茶六大类。这样排列既保留了劳动人民创造的俗名，分类通俗化，容易区别茶类性质，又按

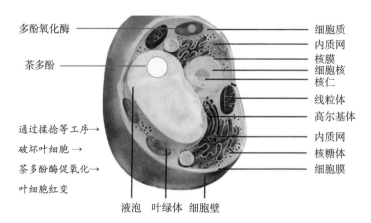

图2-2　茶鲜叶细胞结构及制茶过程中的红变示意图

照循序渐进的原则，符合茶叶内在变化由简到繁、由少到多的逐步发展的规律，加强了分类的系统性和科学性。明朝创制炒青绿茶、黄茶、黑茶、红茶，清朝创制青茶、白茶。六大茶类出现大致时间顺序为：绿茶、黄茶、黑茶、红茶、青茶、白茶（图2-3）。

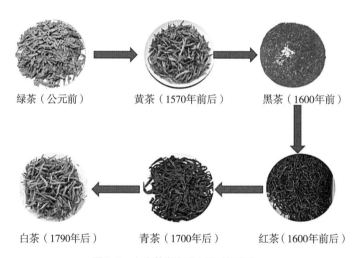

图2-3　六大茶类出现大致时间顺序

三、国标中的茶叶分类

按照GB/T 30766—2014《茶叶分类》分类原则，以生产工艺、产品特性、茶树品种、鲜叶原料和生产地域对茶叶进行分类（图2-4）。

绿茶（Green tea），以鲜叶为原料，经杀青、揉捻、干燥等生产工艺制成的产品（炒青绿茶、烘青绿茶、晒青绿茶、蒸青绿茶）。

黄茶（Yellow tea），以鲜叶为原料，经杀青、揉捻、闷黄、干燥等生产工艺制成的产品（芽型、芽叶型、多叶型）。

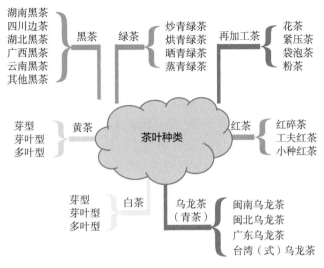

图2-4　国标茶叶分类

白茶（White tea），以特定茶树品种的鲜叶为原料，经萎凋、干燥等生产工艺制成的产品（白毫银针、白牡丹、贡眉）。

乌龙茶（Oolong tea），以特定茶树品种的鲜叶为原料，经萎凋、做青、杀青、揉捻、干燥等特定工艺制成的产品（闽南乌龙茶、闽北乌龙茶、广东乌龙茶、台式（湾）乌龙茶、其他乌龙茶）。

红茶（Black tea），以鲜叶为原料，经萎凋、揉（切）、发酵、干燥等生产工艺制成的产品（红碎茶、工夫红茶、小种红茶）。

黑茶（Dark tea），以鲜叶为原料，经杀青、揉捻、渥堆、干燥等生产工艺制成的产品（湖南黑茶、四川黑茶、湖北黑茶、广西黑茶、云南黑茶、其他黑茶）。

再加工茶（Reprocessing tea），以茶叶为原料，采用特定工艺加工的、供人们饮用或食用的产品（花茶、紧压茶、袋泡茶、粉茶）。

四、茶叶感官审评风味轮

感官术语学是一门应用科学，着眼于食品感官评价的实际问题。中国茶叶经过长期的发展，形成了具有自身特色的茶叶感官术语。茶叶感官术语作为概念必须满足3个条件：存在的必要性；准确度；理解的一致性。当前茶叶审评训练主要通过实践开展，教学双方品尝相同茶样学习术语，但仅凭文字难以完全准确领会茶叶感官术语的含义。如何把过去师徒之间"只可意会、不可言传"的茶叶感官术语系统化，提升术语学习效率和运用的准确性，找到茶叶感官术语指代的客体与概念之间的关系。农业农村部茶叶质量监督检验测试中心在GB/T 14487—2017《茶叶感官审评术语》基础上共提炼出137个基元语素，包括外形、叶底48个（12个名词、36个形容词）、色泽17个（7个核心色系语、10个光泽相关语）、香气46个（特征语35个、强度及格调与持久度语11个）、滋味13个（分为特征味型、浓度味型和感觉味型）、程度13个（六点标度：显/多、有、较/略、稍/微、无）。在中国茶叶颜色轮（图2-5）、滋味轮（图2-6）和香气轮（图2-7）的基础上，进一步绘制了中国茶叶风味轮（图2-8）。共包括32个颜色属性、13个滋味属性、75个香气属性，合计120个属性。该风味轮的构建基于中国茶叶感官审评术语基元语素，为茶叶感官特征的定性定量研究提供了较为全面和系统的描述语体系。

浓度味型是茶汤滋味不同的浓度表现，即口腔刺激性的强弱，依据从传统术语中凝练而成的基元语素分为淡、和、醇、浓4种类型；感觉味型是人在品尝茶汤时口腔及味蕾能感受到的物理刺激，属于物理感觉，结合基元语素可分为厚、薄、滑、糙、涩5种；特征味型是人在品尝茶汤时味蕾能感受到的4种基本味，属于化学感觉，食品感官科学一般将滋味分为甜、咸、苦、酸、鲜5种基本味，最新的研究仅将鲜、酸、甘（甜）、苦列入茶汤基本味。

在构建香气风味轮时细化了具体的香气属性，共包括75个香气属性，分成基础特征、品种特征、树龄与环境特征、品种与工艺特征、工艺特征、工艺与存放特征、存放特征类。其中品种特征又进一步细分为花香品种特征、果香品种特征（坚果香、干果香、鲜果香）以及一般品种特征3类。风味轮中的香气属性本质是感官描述语，运用这些词语可以更好地对茶叶香气特征进行描述。根据中国茶叶颜色基元语素表，将其分为白色、黄色、绿色、红色、紫色、褐色、黑色7个色系，即为颜色的主色调。各色系中的具体颜色是主色调经辅助色调修饰后形成，简化了部分较难区分的主色调辅助色调互换颜色。力求通过基本的框架体系使得该颜色轮的使用者能够简洁明了地掌握中国茶叶的颜色分类，该轮共包括32个颜色属性。

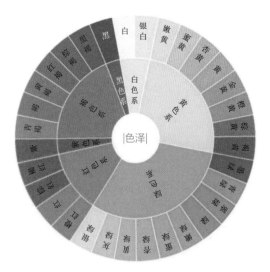

图2-5 中国茶叶颜色轮

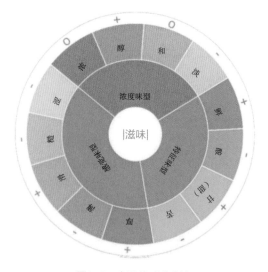

图2-6 中国茶叶滋味轮

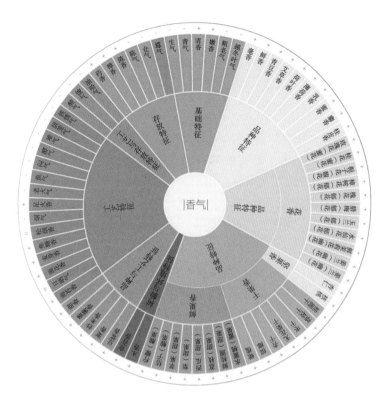

图2-7 中国茶叶香气轮

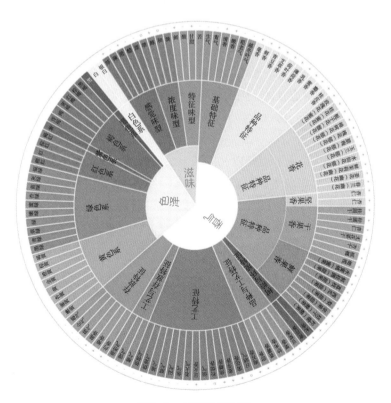

图2-8 中国茶叶风味轮

第二节　中国茶区和中国名茶

一、中国茶区分布

（一）中国茶区演变

唐朝陆羽《茶经·八之出》据实地调查历史资料及茶叶样品，将唐朝产茶地区8个道、43个州郡、44个县划分为八大茶区：山南茶区、淮南茶区、浙西茶区、浙东茶区、剑南茶区、黔中茶区、江南茶区、岭南茶区。茶区已经遍及今天的15个省、自治区即四川、陕西、湖北、广西、贵州、湖南、广东、河南、浙江、江苏、江西、福建、安徽、海南、云南。

现代和当代科技工作者对现代茶区有不同的划分方法，如吴觉农、胡浩川划分的外销茶区和内销茶区，陈椽划分为浙皖赣、闽台广、两湖、云川康四茶区，庄晚芳划分华中北、华中南、四川盆地、云贵高原、华南五大茶区，王泽农划分为华中、华南、华西三大茶区，浙江农业大学茶学系划分为北部、中部、南部、西部四大茶区，李联标划分为淮北、江北、江南、岭南、西南五大茶区；中国农业科学院茶叶研究所（简称中茶所）根据自然、社会经济条件、茶叶生产特点和发展水平以及行政区域等因素，将中国产茶区划分为江北、江南、西南、华南四个大茶区，下面对此分类方法加以介绍。

（二）四大茶区分布

1. 江北茶区

江北茶区指中国长江以北的茶树生长区域。地域范围秦岭以南、长江以北、大巴山以东至沿海，包括皖北、苏北、鄂北、豫南、鲁东南、陕南、陇南等地区，是我国最北的茶区，属于茶树生态适宜性区划次适宜区。生产有绿茶、黄茶，名茶有六安瓜片、信阳毛尖、秦巴雾毫、霍山黄芽、舒城兰花、岳西翠兰、子午仙毫等。

2. 江南茶区

江南茶区指中国长江以南、南岭以北的茶树生长区域。系中国主要产茶区，地域范围北起长江，南至南岭，东邻东海，西接云贵高原。包括广东、广西、福建北部、湖北、安徽、江苏的南部和湖南、江西、浙江省全境。我国茶叶的主产区，属于茶生态适宜性区划适宜区。江南茶区的茶树品种主要以灌木型为主，小乔木型茶树也有一定的分布，如鸠坑种、龙井43、浙农12、福云6号、政和大白茶、水仙、肉桂、福鼎大白茶、祁门种、上梅洲种等。

生产茶类有红茶、绿茶、乌龙茶、白茶、黄茶、黑茶，名茶有黄山毛峰、太平猴魁、祁门红茶、西湖龙井、安吉白茶、洞庭碧螺春、南京雨花茶、白毫银针、君山银针、安化松针、恩施玉露、大红袍、正山小种、庐山云雾等。

3. 西南茶区

西南茶区指中国西南部的茶树生长区域，地域范围为米仓山、大巴山以南，红水河、南盘江、盈江以北，神农架、巫山、方斗山、武陵山以西，大渡河以东，包括贵州、四川、重庆、云南中北部及西藏东南部。是中国最古老茶区，属于茶树生态适宜性区划适宜区。西南茶区的茶树品种资源十分丰富，栽培的茶树也多，乔木型大叶种和小乔木型、灌木型中小叶品种全有，如南江大叶种、崇庆枇杷茶、早白尖5号、十里香等。生产的茶类有红茶、绿茶、黄茶、边销茶等，名茶有都匀毛尖、蒙顶甘露、永川秀芽等。

4. 华南茶区

华南茶区指中国最南部的茶树生长区域，地域范围福建大漳溪、雁石溪，广东梅江、连江，广西浔江、红水河，云南南盘江、无量山、保山、盈江以南，包括福建东南部、广东中南部、广西南部、云南南部，海南省、台湾省。是我国气温最高的一个茶区，属于茶树生态适宜性区划最适宜区。主要为乔木型和灌木型，中小叶类品种也有分布，如海南大叶种、勐库大叶茶、铁观音、凤凰水仙、英红九号等。生产茶类有红茶、绿茶、乌龙茶、白茶、黑茶、花茶等，名茶有铁观音、凤凰单丛、冻顶乌龙、南糯白毫、凌云白毫、滇红工夫、普洱茶、六堡茶等。

（三）小产区茶

小产区的概念源于法国的葡萄酒行业，用以保护优质产品产区，后来逐步推广到葡萄酒以外的其他农产品行业。在学术实践中，小产区是指在优质产品原产地范围内，依据特定地理地缘环境，包括自然条件、历史人文、产品特质等因素进行标定的具有唯一属性的小范围地域。小产区产品是指在小产区上生产且具有地缘质量品质、独特风格和历史声誉的，经认定符合特定标准和特殊要求的优质产品。

小产区的核心理念是"风土、风俗、风格"和"自然、文化、生态"。小产区地标产品的优质品质是物竞天择和当地人们长期劳动实践的硕果。小产区产品特点：产区"小"——小微范围产区，产量控制，产品稀缺；制作"精"——工匠精神，精耕细作；品质"高"——品质优异，产品高端；风格"特"——个性化、差异化；追求"尊"——尊重自然生态，尊重传统文化，尊重消费者；品牌"强"——产业标杆，地区名片。

小产区茶的价值包括：

（1）立地价值　好茶首先是种出来的，与其生长环境有着密不可分的关系。小产区是好茶产区的核心区域，无疑有着出产优质茶叶所必备的自然禀赋。

（2）产制价值　好茶也是加工出来的，小产区好茶，具有精工细作的传统，而在传承创新基础上的提升，则让小产区好茶更进一步绽放芳华。

（3）历史价值　小产区的悠久历史积淀是其所产茶叶综合价值的重要内涵之一，同时也赋予小产区茶更深厚的底蕴。

（4）文化价值　小产区所在地的民族、地域、特色茶文化等文化属性，赋予小产区茶更丰富的文化价值。

在当前中国茶叶供需格局发生明显转变的背景下，供给侧改革越来越重要，人们对茶叶品质消费、文化消费、个性化消费成为趋势，多元而又充满个性化的小产区品牌茶应运而生，并依靠其独特品质风格，在中高端消费市场占有越来越重要的位置，日益成为消费者的"心头好"（如西湖龙井、祁门红茶、平阳黄汤等）。

二、中国名优茶

（一）二十个省主产区名优茶

名优茶是优质茶和名茶的统称。1984年之前我国的名优茶仅在极少数农村茶区和农垦茶场生产，全国仅有省级以上名优茶几十个，而目前几乎所有的茶业经营者均参与了名优茶开发，省级以上名优茶超过1000个。名优茶生产，首先依托于制度创新，特别是经营机制的重大转变，如茶园家庭联产承包责任制、内销市场开放、企业逐步改制；其次，名优茶开发取得了经济效益和社会效益双丰收局面。于是全国茶叶内销市场放开后，逐渐兴起了以扩大传统名优茶的生产规模、恢复历史名优茶、新创名优茶为主要内容的中国传统茶叶产品生产经营活动。简而言之，自20世纪80年代中期，我国茶产业结构进行调整，名优茶取代了大宗茶成为支柱产业，尤其是近30年以来，名优茶产业得到快速发展。

名茶是有一定知名度的优质茶，通常具有独特的外形和优异的色香味品质。有"历史名茶、新创名茶、地方名茶、省级名茶、国优名茶"等称谓。名优茶的形成往往有一定的历史渊源或一定的人文地理条件，如有风景名胜、优越的自然条件和生态环境等外界因素，还与茶树品种优良、肥培管理较好，有一定的采制、品质标准有关。

1. 江苏名优茶

江苏省传统名茶和新创名优茶已有洞庭碧螺春、南京雨花茶、茅山青锋、阳羡雪芽、无锡毫茶、金山翠芽、金坛雀舌、荆溪云片、南山寿眉、前峰雪莲、茅山长青、茅山青锋、银芽茶、扬州绿杨春、水西翠柏、太湖翠竹、苏州茉莉花和宜兴红茶等40余种。

2. 浙江名优茶

浙江省传统名茶和新创名优茶已有西湖龙井、安吉白茶、顾渚紫笋、望海茶、金奖惠明、浦江春毫、松阳银猴、天目青顶、雁荡毛峰、开化龙顶、径山茶、江山绿牡丹、鸠坑毛尖、莫干黄芽、东白春芽、天尊贡茶、龙谷丽人、武阳春雨、华顶云雾、诸暨绿剑、普陀佛茶、双龙银针、建德苞茶、谷雨春、平阳黄汤、婺州举岩、千岛玉叶、瀑布仙茗、大佛龙井、奉化曲毫、羊岩勾青、永嘉乌牛早、望府银毫、泉岗辉白、雪水云绿、越红和九曲红梅等70余种。

3. 安徽名优茶

安徽省传统名茶和新创名优茶已有黄山毛峰、屯绿、祁门红茶、休宁松萝、顶谷大方、紫霞贡茶、太平猴魁、敬亭绿雪、黄花云尖、涌溪火青、泾县特尖、九华毛峰、天华谷尖、休宁松萝、天柱剑毫、桐城小花、瑞草魁、老竹大方、舒城兰花、霍山黄芽、六安瓜片、齐山名片和菊花茶等100余种。

4. 福建名优茶

福建省传统名茶和新创名优茶已有武夷岩茶、武夷肉桂、武夷大红袍、闽北水仙、安溪铁观音、安溪黄金桂、水春佛手、八仙茶、正山小种、坦洋工夫、闽红工夫、茉莉花茶、天山绿茶、石亭绿、顶峰毫、雪山毛尖、白俊眉、福云曲毫、白毫银针、白琳工夫、白牡丹和贡眉等70余种。

5. 江西名优茶

江西省传统名茶和新创名优茶已有庐山云雾、狗牯脑、婺绿、婺源茗眉、上饶白眉、梁渡银针、麻姑茶、双井绿、灵岩剑峰、宁红、前岭银毫、大鄣山云雾茶、黄檗茶、井冈翠绿、井冈碧玉、婺源墨菊、婺源茗眉、靖安翡翠和万龙松针等50余种。

6. 山东名优茶

山东省传统名茶和新创名优茶已有崂山绿茶、碧芽、日照雪青、卧龙剑、海青毛峰、浮来青、莲山翠芽、玉山茗茶、雪芽、碧绿、雪毫和风眉等20余种。

7. 河南名优茶

河南省传统名茶和新创名优茶已有信阳毛尖、太白银毫、仰天雪绿、金刚碧绿、香山翠峰、仙洞云雾、灵山剑峰、杏山竹叶青、震雷剑毫、龙眼玉叶、赛山玉莲、赛山毛峰、粉壁剑毫和信阳红等20余种。

8. 湖北名优茶

湖北省传统名茶和新创名优茶已有恩施玉露、仙人掌、远安鹿苑、车云山毛尖、峡州碧峰、天堂云雾、邓村云雾、采花毛尖、江夏碧舫、松滋碧涧、神农奇峰、株山银峰、西厢碧玉簪、天台翠峰、双桥毛尖、昭君毛尖、青龙雀舌、娘娘寨云雾、长阳茗峰、宜红工夫、青砖茶和米砖茶等70余种。

9. 湖南名优茶

湖南省传统名茶和新创名优茶已有君山银针、北港毛尖、古丈毛尖、碣滩茶、江华毛尖、五盖山米茶、高桥银峰、安化松针、洞庭春芽、石门牛抵茶、南岳云雾、沩山毛尖、北港毛尖、东湖银毫、桃江竹叶、狮口银芽、古洞春芽、石门银峰、黑砖茶和茯砖茶等70余种。

10. 广东名优茶

广东省传统名茶和新创名优茶已有凤凰单丛、岭头单丛、凤凰水仙、石古坪乌龙、饶平色种、大叶奇兰、古劳茶、乐昌白毛茶、广北银尖、仁化银毫、英德红茶、荔枝红茶、玫瑰红茶、菊花普洱茶、广州茉莉花茶和常春健体乌龙茶等40余种。

11. 广西名优茶

广西壮族自治区传统名茶和新创名优茶已有苍梧六堡茶、广西红碎茶、西山茶、凌云白毛茶、覃塘毛尖、漓江银针、白牛茶、龙脊茶、双凤茶、修仁茶、广西茉莉花茶、桂花茶、桂平西山茶、凌云白毫、桂林毛尖、屯巴茶、南山白毛茶和龙山绿茶等40余种。

12. 海南名优茶

海南省传统名茶和新创名优茶已有白沙绿茶、海南红碎茶、五指山仙毫、金鼎龙井、龙岭奇兰、春兰、海南大白毫、龙岭毛尖和白马岭茶等10余种。

13. 重庆名优茶

重庆市传统名茶和新创名优茶已有永川秀芽、巴山银芽、巴南银针、缙云毛峰、香山贡茶、渝州碧春和重庆沱茶等20余种。

14. 四川名优茶

四川省传统名茶和新创名优茶已有蒙顶黄芽、蒙顶石花、蒙顶甘露、峨眉毛峰、峨眉竹叶青、青城雪芽、文君绿茶、龙都香茗、龙湖翠、风羽茶、松茗茶、岚翠御茗、峡山雨露、叙府龙芽、仙峰秀芽、九顶翠芽和成都茉莉花茶等50余种。

15. 贵州名优茶

贵州省传统名茶和新创名优茶已有都匀毛尖、遵义毛峰、羊艾毛峰、湄潭翠芽、梵净翠峰、贵定云雾、黔江银钩、梵净雪峰、龙泉剑茗、东坡毛尖、古钱茶、松桃翠芽、凤冈富硒茶、绿宝石和团龙贡茶等30余种。

16. 云南名优茶

云南省传统名茶和新创名优茶已有滇红工夫、云南红碎茶、云南普洱茶、云南沱茶、云海白毫、绿春玛玉茶、宜良宝洪茶、墨江云针、昆明十里香、大理感通茶、七子饼茶、牟定化佛茶和南糯白毫等50余种。

17. 陕西名优茶

陕西省传统名茶和新创名优茶已有紫阳毛尖、紫阳翠峰、秦巴雾毫、安康银峰、巴山芙蓉、八仙云雾、城固银毫、定军茗眉、汉水银梭、女娲银锋、金牛早、商南泉茗、午子仙毫、宁强雀舌、瀛湖仙茗、秦绿和陕青等20余种。

18. 台湾特色茶

台湾省传统名茶和新创名优茶已有冻顶乌龙、文山包种、木栅铁观音，松柏长青茶、玉山乌龙茶、竹山金萱、阿里山珠露茶、阿里山金萱茶、港口茶、明德茶、白毫乌龙、海山龙井茶、日月红茶、鹤冈红茶和台湾香片等30余种。

19. 甘肃名优茶

甘肃省传统名茶和新创名优茶已有碧口龙井、碧峰雪芽等10余种。

20. 西藏名优茶

西藏自治区传统名茶和新创名优茶已有珠峰圣茶等五六种。

（二）相约中国十大名茶

历史上，中国十大名茶的版本很多。关于中国十大名茶最早看到的是1956年香港《大公报》登载的"中国十大名茶"榜单，当然，这是媒体自己提出中国十大名茶的概念并首次公布，并不代表官方。其评出的中国十大名茶有西湖龙井、泉冈辉白、黄山毛峰、祁门红茶、太平猴魁、六安瓜片、四川蒙顶、洞庭碧螺春、信阳毛尖、武夷岩茶。

1959年，全国"十大名茶"评比会所评选的评比结果是西湖龙井、洞庭碧螺春、黄山毛峰、庐山云雾、六安瓜片、君山银针、信阳毛尖、武夷岩茶、安溪铁观音、祁门红茶。

1982年，经当时的国家经委提出，国务院同意，为促进商品的质量提高，每年在各行各业中评优质产品。国家经委委托商业部茶畜局组织了全国名优茶评比。但当时的评选并不是"中国十大名茶"评选，只是在评出的30个名优好茶中选取了前十位，它们是西湖龙井、都匀毛尖、信阳毛尖、碧螺春、黄山毛峰、武夷岩茶、铁观音、君山银针、六安瓜片、祁门红茶。

由原农业部和浙江省人民政府共同主办的首届中国国际茶叶博览会于2017年5月18日—21日在杭州国际博览中心（G20杭州峰会主会场）举行。5月20日下午，在此全国范围内规模盛大、极具权威与影响力的国际性茶叶盛会上，组委会新闻发言人公布，获得中国国际茶叶博览会组委会中国十大茶叶区域公用品牌的是西湖龙井、信阳毛尖、安化黑茶、蒙顶山茶、六安瓜片、安溪铁观音、普洱茶、黄山毛峰、武夷岩茶、都匀毛尖。

本次评选从品牌的角度出发，考核因子除了茶品质量，还包括规模、影响力等，这些是入选10佳茶叶品牌的重要指标。从国家层面来说，在今后的茶产业发展过程中，必将更注重引领品牌发展，加强品牌建设，突出品牌价值，做强产业，打响中国茶品牌。

同时该博览会还评选出17个中国优秀茶叶区域公用品牌，分别是福鼎白茶、安吉白茶、庐山云雾茶、武当道茶、祁门红茶、洞庭碧螺春、英德红茶、凤凰单丛、湄潭翠芽、凤庆滇红茶、恩施玉露、横县茉莉花茶、永川秀芽、碣滩茶、汉中仙毫、宜宾早茶、日照绿茶。

针对最新的中国十大茶叶区域公用品牌，每个名茶还被按照"茶叶主产区、适制茶树品种、采制时间、区别辨认方法、科学冲泡方法、正常购买价位"等内容以问答形式进行讲解介绍，以期能尽快被大家了解并掌握品饮方法。

第三章

悠久灿烂的茶文化

第一节 向古人学风雅地饮好茶

一、唐朝之前古人饮茶

（一）茶有三用：药用·食用·饮用

茶，作为植物的科属种本质特性是不变的，但在不同朝代的加工技术条件和消费意识引导下，茶品的差异性较为显著，通常表现在三个方面。一是茶叶成品的外形，历史上出现了饼茶、团茶、末茶、叶茶等，这些差异较大的外形，主要由制茶技术与方式不同造成，同时由此也产生茶叶内质成分和品质差异。二是茶品的纯粹性，自古以来就有两个去向，去向一是以茶叶单独的滋味形态存在，谓之"真茶"；去向二是调和其他植物或香味、滋味等来形成新茶品，谓之"调和茶"。三是茶汤的滋味偏好，茶一直兼容着三大功用即药用、食用和饮用，侧重药用功用，依据中药理论，不求滋味入口愉悦；侧重食用功能，以果腹、香甜为目的；立于以茶入饮的初衷，则既要体验感官审美愉悦，又要坚守解渴康养效用。茶的饮用方式就是围绕"药用、食用、饮用"中某一个或多个目的而采取的一种符合时代背景的适宜方式（图3-1）。每一步微小的革新，都是时代先哲们不休的探索，才构筑了今天社会饮茶技艺的争奇斗艳。

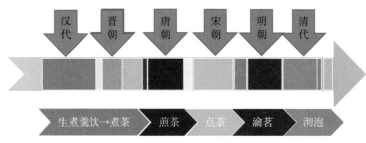

图3-1 历代饮茶方式变化

（二）唐朝以前：生煮羹食→羹饮

中国饮茶可上推到神农，也可溯源至三代，但是史料稽考极为不易。目前对于中华民族开始饮茶的确切时间一直有争议，有文字记载应该在秦汉之际。到了汉代，西汉王褒《僮约》就有关于茶市以及买茶的明确记载。有"武阳买茶"，有"烹茶尽具"。汉代吃茶的方式只有一种，称为生煮羹食。"荆巴间采叶作饼，叶老者，饼成以米膏出之"，简单说，就像煮菜汤一样，煮着吃。三国时张揖《广雅》："采茶作饼，叶老者饼成以米膏出之。欲煮茗饮，先炙令赤色，捣末，置瓷器中，以汤浇覆之，用葱、姜、桔子芼之。其饮醒酒，令人不眠"。晋朝陈寿《三国志》："皓每飨宴，无不竟日，坐席无能否率以七升为限，虽不悉入口，皆浇灌取尽。曜素饮酒不过二升，初见礼异时，常为裁减，或密赐荈以当酒。"以茶代酒的出现，表明茶以物质形式出现渐而渗透至其他领域并开始叩响文化的大门。

二、唐宋饮茶技法

（一）唐朝：煮茶法→煎茶法

唐朝茶有粗茶、散茶、末茶、饼茶之分，因而取茶煮饮之法也不同。粗茶须击碎，散茶须干煎，末茶须炙焙，饼茶须捣碎，都是把茶叶放入容器中煮煎。煮茶，是较为简单原始的茶饮制作方法，因将茶叶放入锅内水煮得名。而煎茶，因用水煎熬茶汤得名，相对煮茶比较精细，素有煎茶（图3-2）四要，即择水、洗茶、候汤、择品。

唐代是一个饮茶比较兴盛的时期。陆羽《茶经》的刊行，推广了唐代的煮茶法（图3-3）。煮茶法又称煎茶法。唐代的制茶主要是以蒸青饼茶为代表。唐代的煮茶法有法门寺地宫出土的一套银质鎏金的茶具为物证。出土物账碑上写着"茶事七件"。步骤：茶饼、炙烤、碾碎、煎茶、酌茶。煎茶：烧水（一沸，二沸，三沸），煮茶（加盐）。一沸（如鱼目，微有声）加盐，二沸（涌泉连珠）舀水、环激汤心、倒入茶末，三沸（腾波鼓浪）育华。

（二）宋代：点茶法→斗茶

到了宋代，就是从煮茶到点茶了。把茶团碾磨成粉末，放入茶碗中，注入开水调成糊状，如同浓膏油，谓之"调膏"然后再次注入开水，用"茶筅"搅拌，一手注水，一手持茶筅搅动茶膏，旋转击打和拂动茶碗里的茶汤，使茶汤成为乳状。宋徽宗精于茶艺，曾多次为

图3-2　唐代煎茶

炙茶　→　碾茶　→　罗茶　→　煮茶　→　酌茶

图3-3　《茶经》中的煮茶程序

臣下点茶。其对中国茶事的最大贡献是撰写了中国茶书经典之一的《大观茶论》，为历代茶人所引用。

根据点茶法的特点，还发展出了斗茶法（图3-4）：一斗谁的茶好；二斗谁的点茶技术高。斗茶也分阶段，第一阶段斗香，斗味，比的是茶本身的香气和滋味；第二阶段斗色斗浮，比的是茶的颜色和浮起来的汤花情况，停留的时间越长、越白越好。南宋开庆年间，斗茶的游戏漂洋过海传到日本逐渐变为当今日本风行的"茶道"。

茶之为饮，有其客观的物质性，能够提供色香味的实体愉悦，满足形而下的感官享受。感官愉悦的发展，提升为形而上的探索，追求嗅觉、味觉、视觉的审美统一性，在精神领域追求美感的升华，就是茶道的肇始。从唐代煎茶到宋代点茶（图3-5），是在一脉相承中不断攀升审美的境界，以臻于极致。但追求过程为了视觉效果中达到乳花凝聚的巅峰状态，就不免忽视了茶香与茶味，最终注定是个不可能持续发展的途径。

图3-4　宋代斗茶

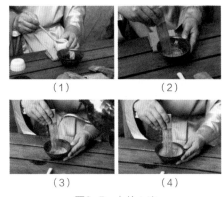

（1）　　　　　　（2）

（3）　　　　　　（4）

图3-5　点杀手法

三、宋后饮茶方法

（一）元、明、清：瀹茗法→撮泡→沏泡自饮

元代虽然是中国历史上存在时间较短的一个朝代，但在中国饮茶方式的发展过程中却是一个相当重要的承前启后的时期，在这一时期里，"点茶法"走向式微，而南宋后期已经初见端倪的"瀹茗法"（图3-6）逐渐在饮茶形式上成为主流。元代，散茶的饮用已经开始流行，而散茶的性状更适合泡饮，于是，"瀹饮法"逐渐成为饮茶方式的主流。

朱元璋出身寒微，体恤民情，罢黜龙团改贡散茶，"惟令采芽茶以进"，散茶的撮泡法就比较流行了。朱元璋的推动，开我国千年茗饮之宗，客观上把我国造茶法、品饮法推向一个新的历史时期。人

图3-6　元代瀹茗法

们更加喜欢把盏玩壶品茶，也使盏、壶的制作更加精美，从而推动茶艺茶道的发展。

　　明清两代基本上是泡茶自饮，用泡茶法，把茶叶放进去，泡茶器具有茶壶、茶杯、盖碗，大都是自己喝。茶文化就非常普及了。明代的文人特别喜欢在自然的山水之间饮茶。到了清代，茶就进入市井百姓家。明代是我国历史上茶学研究最为鼎盛、出现茶著作最多的时期，共计50余部（代表著作见图3-7）。清代，茶文化深入市井，走向世俗，进入千家万户。

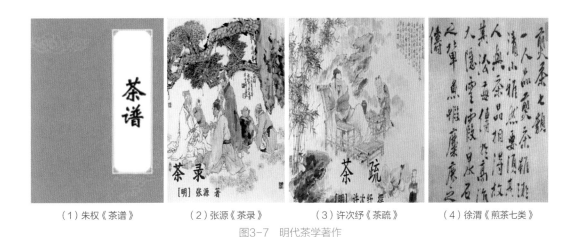

（1）朱权《茶谱》　　　　（2）张源《茶录》　　　　（3）许次纾《茶疏》　　　　（4）徐渭《煎茶七类》

图3-7　明代茶学著作

（二）现代：泡茶分饮

　　饮茶法的不断变迁，在经历了唐朝的严谨规范的煎茶法，到宋代浪漫时尚的点茶法，又滑过元代曲折摇曳的瀹茗法，经过了"千年茗饮之宗"的散茶改革，著书立说让"泡茶自饮"的明清茶文化呈现一派豁然开朗的新局面。现在的盖碗已经被作为泡茶器，用来泡茶然后分给大家喝（泡茶分饮）。虽然都是泡茶，但是我们现在是一种分享的方式。现在我们有一千多种茶，在国内今后还是清饮为主，调饮辅之，好喝的同时，更强调好玩。喝茶好，茶好喝，只有真正泡好一杯茶，才真正明白"有好茶喝，会喝好茶，是一种清福"的真谛。

第二节　独具特色的民族饮茶习俗

一、民族及饮茶习俗

　　民族，指经长期历史发展而形成的稳定共同体，一群基于历史、文化、语言与其他人群有所区别的群体。我们说的"中华民族"是对当代中国境内56个民族的一个共同称呼，由梁启超先生于1901年发表的《中国史叙论》一文中首次提出。中华人民共和国成立后，党和政府制定了一套适合中国国情的、正确的解决中国民族问题的方针和政策，即民族平等政策、民族团结政策、民族区域自治政策和各民族共同发展繁荣的政策。据2010年第六次人口普查数据，汉族人口增长5.74%，各少数民族人口增长6.92%。2020年已进行第七次全国人口普查，目前全国约有14.4亿人口，90%以上都是汉族，其他55个民族人口占比不到10%。

饮茶习俗简称茶俗，是指在长期的社会生活中，逐渐形成的以茶为主题或以茶为媒的风俗、习惯、礼仪，是一定社会政治、经济、文化形态下的产物，随着社会形态的演变而消长与变化。包括不同地域民族的茶俗、不同阶层的饮茶习俗及相应的茶俗文化。

（一）执子之手，携茶相伴

俗话说，人生四大喜事：久旱逢甘雨、他乡遇故知、洞房花烛夜、金榜题名时。在逐步走进"洞房花烛夜"的历程中，"茶"在历朝历代和天南海北都演绎过很多喜茶婚礼故事。最早可以追溯到唐朝文成公主远嫁西藏时，茶作为陪嫁品首次进入西藏，并创制出了藏民族喜爱的酥油茶，开藏民饮茶之先河。到了现代，很多地方依然保留着"三茶六礼"的民间婚礼习俗。

古代的婚礼习俗，主要包括三个阶段的茶俗活动：恋爱信物（姑娘茶）、以茶为媒（定亲茶）、白头偕老（婚礼茶）。

现代婚礼中的喜茶，在人们对中国传统民族文化追崇的今天，现代婚礼中茶俗文化已经得到了很好的传承与创新，在现代婚礼中的喜茶中，出现了很多的值得分享的茶类物品。

1. 茶礼品

茶礼品包括订婚之茶"女儿茶""状元茶"；婚庆之日"同心茶"；伴手礼茶；双方父母长寿茶。

2. 茶宴食

茶宴食为婚礼茶宴菜谱：鸿运当头（红茶大红乳猪盘）；海誓山盟（龙井虾仁）；香酥君山银针（金枝玉叶）；早生贵子（红茶煮红枣莲子桂圆羹）等。

3. 茶饰物

茶饰物主要以汉族婚礼茶服为主，也有各少数民族的自己的婚礼服；用同心结将两个半球形的普洱茶或六堡茶结在一起，既可装饰新房，也可以用作婚礼宾朋的伴手礼。

4. 茶器具

茶器具为各种婚礼用的喜茶杯、壶，一般为红色并饰以龙凤吉祥之类的图文等。

5. 茶喜联

一代茶人程启坤老先生为其长孙程方正亲撰的喜联："茶香茶味茶人办喜事，茶思茶情茶乡结良缘"表达了茶人世家对茶的款款情深，对茶人儿女的期盼。

（二）饮茶习俗衍生茶礼

我国各民族在长期饮茶生活中，不断融入自己民族的情感与信仰，衍生出丰富多彩的民族茶文化。通过民族的生活习惯、饮茶器具、服饰音乐、品饮方式等深深影响当下茶艺竞技的礼仪呈现，也形成了很多美好及象征意义的茶俗："茶倒七分满，留下三分是真情；对客示尊敬，凤凰三点头"等都是茶艺中的饮茶习俗。

在我国长江以北的地方，人们很喜欢泡饮一种叫香片的茶，这种茶所用的主泡器就是"三才杯"："三才者，天地人"。三才杯上天盖、下有托，中间盖碗主体，代表人即是最能包容，顶天立地。

1. 客来敬茶

客来敬茶是中国的传统礼节，在中国流传至少已有一千年以上的历史。据史书记载，早在东晋时，中书郎王濛用"茶汤待客"、太子太傅桓温"用茶果宴客"、吴兴太守陆纳"以茶果待客"。唐代颜真卿的"泛花邀坐客，代饮引清言"，宋代杜耒的"寒夜客来茶当酒，竹炉汤沸火初红"等诗句，表明我国历来有客来敬茶的风俗。实际上，客来敬茶，对客人来说，饮与不饮无关紧要，但对主人来说，敬茶是不可缺少的。

2. 寄茶（赠送茶礼）

中国古代民间还形成了寄茶习俗。唐代诗人卢仝收到在朝廷做官的孟谏议寄来的新茶时，写下了流芳百世的《走笔谢孟谏议寄新茶》一诗，"开缄宛见谏议面，手阅月团三百片"。诗人卢纶在《新茶咏寄上西川相公二十三舅大夫二十舅》诗中写道："三献蓬莱始一尝，日调金鼎闻芳香。贮之玉合方半饼，寄与阿连题数行。"所以，这种"寄茶习俗"一旦形成便很快被百姓接受，且世代相传，直至今日。每当新茶上市，各地人们总要选购一些具有地方特色的名茶寄给远方的亲朋好友。

（三）少数民族饮茶风俗

在丰富多彩的饮茶习俗中，少数民族独特的饮茶方式为中国茶文化传承中增添了更多中国茶的魅力，并为更多的茶文化追根溯源提供了丰富而翔实的依据。如傣族的"竹筒茶"、基诺族的凉拌茶、侗族人民的打油茶等，不仅启发了其他民族对于茶食茶点的制作，甚至被部分日本学者认为是日本茶道的源起。各民族间茶俗不尽相同，各具特色。

1. 饮食类的民族饮茶风俗

饮食类茶饮方法主要是将茶与餐饮的作料、菜食等一起进行合煮或以茶做菜，如壮族、瑶族、苗族、侗族、仫佬族、仡佬族、毛南族、布依族等民族的打油茶，其制作方法与烹煮饭菜相差不大，打油茶会以新鲜豌豆、泡发的绿豆、大豆、花生米、芝麻、茶叶、腊肉或排骨等合煮而成，保持了古老的原始煮茶面貌；我国的土家族的擂茶，就是以最主要的三种原料——生姜、生米、生茶叶进行合煮而得名"三生汤"；直接以茶做菜的如我国西南地区的布朗族喜欢的酸茶，德昂族、景颇族喜爱腌茶，基诺族好食的凉拌茶等。另外从所加的配料来看，回族的八宝茶、三炮台茶等都可归为饮食一体类。

2. 功能性的饮茶习俗

功能性饮茶习俗包括以茶"治病"类，如纳西族的龙虎斗、土家族的三生汤；以茶教化类，如大理白族的"一苦二甜三回味"三道茶等。

3. 清饮类的民族饮茶习俗

清饮饮茶习俗主要有傣族的竹筒茶、佤族的纸烤茶、拉祜族的烤茶、哈尼族的土锅茶、彝族烤茶、拉祜族的火灼茶、布朗族青竹茶、黎族五指山茶等。

4. 调饮类的民族茶饮习俗

调饮类民族茶饮习俗是指在茶汤中加入酥油、牛羊乳、果酱、蜂蜜等将茶汤调成香味、甜味等喜欢的味道的茶饮，有些民族还会在其中加入一些干果类。如我国西北、东北地区少数民族喜爱的盐巴茶、酥油茶、糖茶、奶茶等。喜欢这一类茶的少数民族主要有怒族、珞巴族、门巴族、羌族、高山族、裕固族、蒙古族、达斡尔族、哈萨克族、塔塔尔族、维吾尔族、乌孜别克族、柯尔克孜族、塔吉克族、锡伯族、普米族等近20个民族。

二、传统茶馆与创意茶馆

（一）传统茶馆

传统茶馆有清茶馆（北京五福茶艺馆、杭州同一号清茶道馆）、茶餐馆（杭州青藤茶馆、上海秋萍茶宴馆）、戏曲茶馆（北京老舍茶馆、成都顺兴老茶馆）、风景茶楼（上海湖心亭茶楼、杭州湖畔居茶楼）、商务茶馆（杭州你我茶燕、广州雅韵轩茶艺馆）、文化主题茶馆（广东潮州天羽茶斋、杭州老龙井御茶园）、社区茶社（杭州老开心茶馆、成都人民公园鹤鸣茶社）及农家茶楼等。

（二）创意茶馆

新中式茶室，作为现代茶文化的载体，营造出了简单朴素的高雅情调。通过巧妙的设计将中国传统文化与现代人的审美融为一体，让整个茶室散发出人境合一的氛围（图3-8）。同时，它也生动地展现了中国茶艺文化所追求的自然朴素之美。一茶一世界，在这样的静谧茶室中，感受生活的怡然惬意，能让人浮躁的心情得到沉静，茶香袅袅萦绕在茶室内，凸显出返璞归真的居室情怀。喝茶是一种行为，品茶却是一种心境。人生需要一种淡泊，虽无蝶来，清香依旧，谢绝繁华，回归简朴。

图3-8 新中式茶室

（三）禅意茶室

一间富有禅意的茶室，是一片不受打扰的人间净土，它将一股来自于东方的气质和精神，全都浓缩于一器一物、一草一木之中（图3-9）。对于茶室的打造，随性自然，不刻意追求居室，更注重心境和自然环境的契合。"不以奢为尚，只因趣移情"。一盏茶壶、几缕烟雾，一间素净的茶室。一砖一景中，感受到舒缓减压，仿佛呼吸间，心灵便得以惬意放松。

图3-9 禅意茶室

第三节　品茶至味有清欢

一、莫把茶人当圣人

所谓茶人，首先是从事与茶相关的职业的人，其次还是对茶在某一领域或某一方面有研究或专长之人，同时还应是热爱茶事业或茶生活之人，当然有的还能以茶科技、茶文化为社会做出贡献服务或卓越成就之人，能以茶道精神作为行为规范更好，但不以此作为必需的考量因素。换句话说，茶人就是习茶研茶爱茶事茶，并自觉将茶道精神作为行为规范而非圣人才是茶人。

二、茶文化软硬双实力

文化是一种软实力，但是接触得越久，越强烈地感觉茶文化不仅是软实力，同时也是硬实力，具有软硬实力的二重属性。中国是茶的故乡，是茶文化的发祥地，茶叶深深融入中国人生活，成为传承中华文化的重要载体。在中国，茶不仅是一种饮品，更是崇尚道法自然、天人合一、内省外修的东方智慧。所谓茶文化，是指人们在利用茶的过程中形成的文化特征，以茶习俗为文化地基，以茶制度为文化框架，以茶美学为文化呈现，以茶哲学文化灵魂，人类历史进程中有关茶的社会与精神方面的一切文化现象。通常包括茶饮、茶艺、茶道三个方面，其中茶艺还包含茶礼和茶俗。

文化事业是根，文化产业是叶，根深才能叶茂，否则是无本之木。文化事业是源，文化产业是流，源远才能流长，否则是无源之水。文化软实力和文化硬实力一起构成文化力。文化产业竞争力的核心是创意，培养创造性人才是重中之重。

茶以文兴，文以茶扬，茶文化与茶产业如车之双轮、鸟之双翼，唯有浸润和涵养了文化的茶产业，才会有蓬勃的生命力。中国茶叶，美了环境、兴了经济、富了百姓。将茶产业发展与茶文化传承相融合，讲述中国茶故事，将其成为促进"一带一路"沿线贸易的"通行证"，让世界感知当代中国发展活力。

三、中国茶道思索

（一）茶道不等同于"精行俭德"

富于日本文化意蕴的茶道，并未被中国大多数的茶文化人士所推崇，严格来说，日本所推崇的茶道就类似于中国所说的茶艺，但又不同于中国茶道。因为中国的传统文化习惯于用"艺"，而日本习惯于用"道"，如在中国的"花艺、武艺"，日本则为"花道、武士道"等，将茶道赋予了许多新内涵。那么何谓中国茶道呢？

陆羽《茶经》云：茶之为饮，最宜精行俭德之人。他把饮茶看成"精行俭德"，进行自我修养、陶冶情操的手段。因此大多数人都认为，茶道的重点在"道"，是以修养身心为宗旨，参悟大道的饮茶艺术。中国茶德和中国茶礼的首倡者分别是庄晚芳和张天福先生，二位先生倡导的茶德和茶礼的源头，来自于陆羽《茶经》中"茶之为饮，最宜精行俭德之人"的论断。据此论断，再结合自身经历感悟，提出"廉美和敬"中国茶德，"俭清和静"中国茶礼，并进行阐述"廉俭育德、美真康乐、和诚处世、敬爱为人""勤俭朴素、清正廉明、和衷共济、宁静致远"。二者是否有渊源呢？

《论语》有云："志于道，据于德，依于仁，游于艺。"忽然明白茶道与茶艺的关系，则是中国茶德与中国茶礼的契合。所谓茶道，首先是人们在饮茶过程中遵循的规范程序，并乐在其中；其次是人们最为看重的，通过饮茶活动，去陶冶情操、修心悟道；最后就是利用中国茶礼去规范行为，中国茶德去传递文明的精神活动。给文化"可以传递文明、可以规范行为、可以凝聚社会"找到新的注脚，第一次将茶道由"小我"提升到"大我"的层次。

（二）茶与儒释道

有人说，儒家在中国茶文化中主要发挥政治功能，提供"茶礼"；道家发挥的主要是艺术境界，宣称"茶艺"；而只有佛家茶文化才从茶中"了解苦难，得悟正道"，才可称之为"茶道"。其实各家都有自己的礼、艺、道。儒家说"大道之行，天下为公"，茶人说"茶中精华，友人均分"，道家说"道可道，非常道"。两者不过一个说表现，一个说内在，表里互补，都是既有道，也有艺、有礼。

中国茶文化吸收了儒释道各家的思想精华，中国各重要思想流派都做出了重大贡献。儒家通过茶道表现自己的政治观、社会观，佛家体味茶的苦寂，以茶助禅、明心见性，而道家则把空灵自然的观点贯彻其中。

中国儒释道各家都有自己的茶道流派，形式与价值取向不尽相同。佛家在茶宴中伴以青灯孤寂，要明心见性；道家茗饮寻求空灵虚静，避世超尘；儒家以茶励志，沟通人际关系，积极入世。但各家茶文化精神有一个很大的共同点，即和谐、平静，这就是儒家中庸的提携。

中国茶文化从一产生开始，便是以儒家积极入世的思想为主。在中国，儒释道各家虽然都有自己的茶道思想，但领导中国茶文化潮流的主要是文人儒士。中国的儒学，即使在它走向保守以后，仍然是儒士，入世而不避世。中国的知识分子，从来主张"以天下为己任""为生民立命""为天地立心"，很有使命感和责任心，中国茶文化恰好吸收了这种优良传统。把饮茶推向社会的是佛家，把茶变为文化的是文人儒士，而最早以茶自娱的是道家。

（三）茶禅一味

茶文化是与现实生活及社会紧密联系的，而佛总是彼岸世界的东西。中国茶文化总是趋向热爱人生和乐感的，佛家精神强调的是苦寂，二者又是如何联袂相伴的呢？七碗受知味，一壶得真趣。空持百千偈，不如吃茶去。如果说"柴米油盐酱醋茶"是茶饮的一种追求健康的生活，那么"琴棋书画诗酒茶"就应该是茶饮追求快乐的时光，但是经常被一些人津津乐道的"茶禅一味"又是什么呢？茶是我们生活中极为平常而又不可缺少健康之饮，禅是指通过对茶的体认与感悟进行修行的一种法门。

　　茶是参禅悟佛之机，显道表法之具；禅是以茶净心之理，正清和雅之道；简而言之，禅是一种生活的智慧和艺术，通过禅悟去透视生命意义、领悟生活真谛，活出圆满人生！茶对禅来说，既是养生良具，又是得悟优径，更是体道法门；养生、得悟、体道三重境界，对于禅宗来说，几乎是同时并发，自然而然使两个相互独立的个体达到了高度合一，从而丰富了中国文化传统，呈现了茶禅一味的茶饮追求风雅境界！

CHAPTER

4

第四章

蓬勃发展的中华茶艺

第一节　魅力茶技的千姿百态

"凡人之所以为人者，礼仪也"，"不学礼，无以立"。"礼"是制度、规则和一种社会意识观念；"仪"是"礼"的具体表现形式，是依据"礼"的规定和内容，形成的一套系统而完整的程序。礼仪对于我们来说，更多的时候能体现出一个人的教养和品位；真正有礼仪讲礼仪的人，绝不会只在某一个或者几个特定的场合才注重礼仪规范，这是因为那些感性的，又有些程式化的细节，早已在他们的心灵历练中深入骨髓，浸入血液里。这就是我们习茶有礼、以文化人、以茶育德的重要承载与体现。

本章选取了三个典型代表性茶艺与大家分享：一是2017年中华茶奥会创新设计推出的"茶说家演讲"大赛，为说好中国茶故事提供一种新方式；二是2018年浙江大学童启庆教授集成创新开发的"原叶茶水丹青"茶艺，为大家的品质茶生活提供了一种新的生活茶艺方式；三是2019年江苏省茶艺职业技能竞赛冠军创新茶艺——"龙窑茶魂"，这是近几年在历届各级别茶艺大赛中常用的竞技模式，但是如何传播好地方民俗民风民情，传承地方优秀传统文化，同时促进地方茶产业健康发展，历来就是创新茶艺创作的难点。

一、千姿茶艺竞技

（一）全国职业技能竞技

1. 指定茶艺竞技

指定茶艺竞技（图4-1）选手个人独立完成，选手按照赛前抽签决定表演某一茶类的指定茶艺（绿茶指定茶艺竞技，红茶指定茶艺竞技，乌龙茶指定茶艺竞技），绿茶指定茶艺为玻璃杯泡绿茶技法、红茶指定茶艺

图4-1　指定茶艺竞技场景

为盖碗泡红茶技法、乌龙茶指定茶艺为双杯泡乌龙茶技法。指定茶艺作为一个练"功"的项目，重点考量选手的茶艺基本功：举止礼仪，行为习惯，气质神韵，协调能力，审美情趣、茶汤质量等。

图4-2　品饮茶艺竞技场景

2. 品饮茶艺竞技

品饮茶艺竞技（图4-2）由选手个人独立完成，参赛选手根据赛前抽签确定冲泡品饮的茶类和比赛要求，营造品茗环境与氛围，从参赛选手的仪表仪容、茶席布置、冲泡品饮技法、茶汤质量等方面展示真实品饮生活；以日常活动中，让亲友轻松、舒适地喝上一杯高质量的茶为目的，考量选手冲泡茶汤的水平、对茶叶品质的表达能力以及接待礼仪水平。

3. 创新茶艺竞技

创新茶艺竞技（图4-3）由选手个人独立或团队完成，参赛选手自选茶艺，设定主题、茶席，将解说、表演、泡茶融入其中，创作背景音乐、茶具、茶叶、服装、桌布等有关参赛用品选手赛前自备。主要考察选手对茶艺主题立意、茶具茶席布置及冲泡手法、茶艺礼仪、音乐服饰等方面的整体把握、团队协作和自主创新能力，兼顾选手对茶艺理论知识的认知程度。

4. 茶席设计竞技

参赛选手根据赛前提交的电子版茶席设计作品及素材，抽签决定竞赛顺序和布置茶席场地，现场完成茶席布置（图4-4），评委现场评分。选手需按照要求完成三部分内容，包括选择茶席布置素材、撰写茶席设计简介、现场构思布置茶席。茶席设计文案简介，包括主题创意阐述、器物素材配置、色彩色调搭配、品饮茶名、时代背景等说明。

5. 解读茶艺竞技

解读茶艺竞技是一种全新对接网络时代的传播茶文化形式，选手们用10分钟左右的微电

图4-3　创新茶艺竞技场景

图4-4　茶席设计竞技场景

影的形式，诠释自己心灵深处的茶艺真谛。主要考评选手应用茶文化知识元素技能，提炼茶文化感悟，诠释中华茶艺所衍射的人生哲理，以微电影手法解读中华茶艺（图4-5）。

6. 茶汤配对竞技

茶汤配对竞技（图4-6）参赛选手在10分钟时间内，通过看汤色、嗅香气、尝滋味找出10碗茶汤中两两相同的茶汤，将茶汤编码进行连对，评委现场评分。每次审评面前的两碗茶汤在1分钟、5分钟后再轮流审评一次，每碗茶汤评审2次，无须撰写茶汤品质特征评语。

图4-5　微电影《茶缘人生》画面

（二）全国行业技能竞技

1. 茶说家演讲竞技

参赛选手以既定的演讲主题，在规定时间内完成主题内容演讲，演讲结束后回答2~3个问题，裁判现场评分（图4-7）。选手抽签决定参赛顺序，选择既定的主题如茶与美好生活、茶与"乡村振兴"、茶与"一带一路"、茶与创新创业4个主题中任一个，在6~8分钟内完成茶说家演讲，并回答2~3个问题。演讲时可以搭配背景音乐、幻灯片或视频。

图4-6　茶汤配对竞技场景

图4-7　茶说家演讲竞技场景

2. "茶+"调饮竞技

参赛选手需清楚掌握茶调饮相关知识，茶调饮器具、设备的分类和用法，以及茶调饮风味搭配的种类和特点。鼓励参赛选手跨领域结合，设计更具创新性、富有时代感、趣味性强的中国现代健康"茶+"调饮作品（图4-8）。

3. 仿宋茗战竞技

仿宋茗战竞技（图4-9）分为传统与创新两种竞技，传统竞技以定制茶粉为原料，竞赛包括宋代点茶和分茶（茶百戏）两个环节，双盏竞技，第一盏以汤色（沫饽颜色）、汤味（茶味）、汤花（沫饽细腻度和厚度）进行评比。第二盏以分茶（茶百戏）进行评比。统一着汉服，原料统一提供，器具自备。创新竞技在传统竞技基础上，原料自备，不限形式，茶席自备，创作内容自选，评分仍然按照点茶过程的"汤色（沫饽颜色）、汤味（茶味）、汤花（沫饽细腻度和厚度）"和分茶过程的"作品创作"进行。

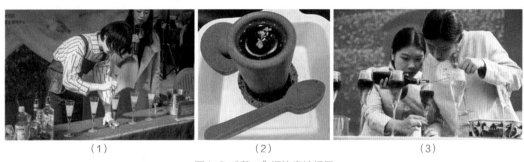

（1）　　　　　　　　　（2）　　　　　　　　　（3）

图4-8 "茶+"调饮竞技场景

（1）　　　　　　　　　（2）　　　　　　　　　（3）

图4-9 仿宋茗战竞技场景

二、百态评审竞技

（一）全国职业技能竞技

1. 茶形辨认竞技

茶形辨认竞技（图4-10）是在茶样识别上发展出来的一项新竞技模式。参赛者在规定的时间内（15~20分钟），通过审评外形判断产品名称，对号准确写出各茶样的名称并对外形进行描述，不允许进行内质审评。此竞技考核选手对茶叶产品了解的知识面。

2．香味排序竞技

参赛者抽签抽取考试位，通过嗅辨香气和尝滋味，按品质从高到低将茶样的香气（审评杯）与滋味（审评碗）次序进行排列，并在规定的时间内（香气排列10分钟、滋味排列10分钟）完成（图4-11）。从单一因子考评选手对茶叶产品质量高低的判断能力。

3．品质审定竞技

选手自行抽取一道试题，在规定的时间内（完成时间为40分钟），参赛者对茶叶按照GB/T 23776—2018《茶叶感官审评方法》进行审评，判断茶名、等级并对品质按照"外形、汤色、香气、滋味与叶底"进行描述（图4-12）。主要考核选手对产品等级、品种风格的掌握程度。

（1）

（2）

图4-10　茶形辨认竞技场景

（1）

（2）

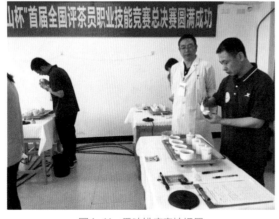

图4-11　香味排序竞技场景

（3）

图4-12　品质审定竞技场景

4. 茶汤品鉴竞技

参赛者自行抽取一组题目，依次品尝送上来的4～5个茶汤，在10分钟内通过尝滋味、辅以看汤色以及嗅茶汤香，准确写出茶样名称并分析滋味的特征（图4-13）。根据难易级别，分2次每次4～5个共8～10个茶样，总历时20分钟。主要考核选手对滋味审评的能力及全国茶产品的认知程度。

5. 茶品设计竞技

参赛者自行抽取一组不同产地、不同品质的原料茶，在规定的时间内（60分钟），对原料茶和成品茶按照GB/T 23776—2018的茶叶审评方法进行审评，并对品质按照"外形、汤色、香气、滋味与叶底"进行描述。然后根据原料茶和成品茶的品质特征，分析成品茶中所采用的原料茶数量、编号及所占比例，最后拼配成一个与提供样中"成品茶"一样的拼配样，并描述拼配样的品质特征

（1）　　　　　　（2）

（3）　　　　　　（4）

图4-13　茶汤品鉴竞技场景

（图4-14）。根据考生拼配样与提供样中成品茶契合的程度给分。主要考核选手的茶叶品质分析、拼配技术等综合能力。

（1）　　　　　　　　　　　　（2）

图4-14　茶品设计竞技场景

（二）全国行业技能竞技

1. 茶样识别竞技

参赛选手在规定时间内对赛场提供的10～20个茶样进行识别，按顺序准确写出各茶样的名称（图4-15）。主要考核选手的茶叶知识基本功。

2. 综合评定竞技

参赛选手自行抽签决定评定茶样，以此选取对应评定配套茶具。在规定时间（15分钟），用浅显易懂的语言进行茶样茶类、品名、主产区及制茶工艺和外形内质评定，简述该款茶品质优缺点，分析科学沏泡主要因素，先后共沏泡两道茶，并根据评定成果在规定5分钟内完成评定茶样书面答卷（不在上述规定的15分钟内），如图4-16所示。

3. 茶品评鉴竞技

参赛选手提供参赛样品1000克（压制成形的茶，提供3饼或3块以上），供大赛组委会审核，按照参赛样品分组进行。参赛中的茶品由裁判组在参赛选手提供的茶样中均匀分取50克左右，供选手取样冲泡。冲泡器具统一提供，选手需冲泡三次，奉茶三次。裁判通过汤色（15%）、香气（35%）和滋味（50%）进行评定打分（图4-17）。

4. 缺陷诊断竞技

参赛选手根据组委会提供的一份同本人手工制茶

（1）

（2）

图4-15　茶样识别竞技场景

（1）

（2）

图4-16　综合评定竞技场景

图4-17　茶品评鉴竞技场景

图4-18　缺陷诊断竞技场景

同类的50克茶叶，对茶叶品质进行感官评审，写出外形、汤色、滋味、香气及叶底评语，并指出该茶叶加工技术主要缺陷，同时给出工艺改进要点建议，竞赛时间1小时（图4-18）。

三、习茶须有礼

（一）基础形体礼仪

1．服饰礼仪

服饰（图4-19）能反映人们身份、文化水平、文化品位、审美意识、修养程度、生活态度等。服饰通过形式美的法则来实现，主要是通过色彩、形状、款式、线条、图案修饰，达到改变或影响人体仪表修饰目的。服饰以舒适方便为主，不要过于职业化或过于休闲。实现服装美法则，需要讲究对称、对比、参差、和谐、比例、多样、平衡等。

（1）

（2）

图4-19　服饰礼仪

2．发型礼仪

作为茶艺师，发型要求很严格，应自然、大方、典雅、朴素、整洁、舒适（图4-20）。茶艺表演中，首先，发型设计要和表演者的脸型匹配；其次，要和当时的场景、茶席协调搭配；最后，如果几个人一起表演，发型要求尽量统一，避免给人造成凌乱感。

（1）

（2）

图4-20　发型礼仪

3. 仪表仪态

仪表是指人的外表，包括形体容貌、服装、服饰、妆容、卫生等；与人的生活情调、文化修养、内质品质紧密相连。仪态是指人在行为中的姿势与风度，姿势包括站立、行走、就座、手势及面部表情等，风度是内质气质的外化呈现（图4-21）。茶艺师不一定要长得很漂亮或很俊俏，魅力源于气质。一般而言，脸部要保持洁净，不要化浓妆，洒香水以清新自然为宜。泡茶前不要吃有强烈挥发性气味的食物。

（1）　　　　　　　　　　（2）

图4-21　仪表仪态

4. 出场礼仪

出场时，茶艺师应上身挺直，目光平视，面带笑意，肩膀放松，手臂按照常规礼仪自然摆放，跨步脚印为一条直线，亦可手执茶器物件出场；向右转弯时，右脚先行，直角拐弯，反之亦然（图4-22）。

5. 走姿礼仪

稳健优美的走姿可以使一个人气度不凡，产生一种动态美，标准的走姿是以站立姿态为基础，以大关节带动小关节，排

（1）　　　　　　　　　　（2）

图4-22　出场礼仪

除多余的肌肉紧张，以轻柔、大方和优雅为目的。走姿要自然，不能左右摇晃，腰部不能扭动（图4-23）。

（1）　　　　　　　　　　　　　　　　　（2）

图4-23　走姿礼仪

6．侍站礼仪

站姿（图4-24）坚持四字原则"松、挺、收、提"。"松"是两肩放松，脸带微笑，平视前方。"挺"是挺胸，不能驼背。"收"是收腹，女士双脚并拢，双手虎口交叉（右手在左手上）自然置于肚脐稍下方；男士双脚分开站立，双脚脚尖呈外八字微分开，双手可以交叉，一手握住另一手手腕处，自然放置于腹部，双手也可分开，一手置于身体前方，手肘立起，另一手置于身体后方，弯曲，握空拳（图4-24）。"提"是提臀，女士大腿夹稳，臀部稍微往上提；男士则可省略此部分。

7．鞠躬礼仪

鞠躬礼源自中国，指弯曲身体向尊贵者表示敬重之意，代表行礼者的谦恭态度，礼由心生，外表的弯曲身体，表示了内心的谦逊与恭敬。行礼时，距离对方在两三步之外双脚立正，手背向外，手臂垂直，紧贴腿部，以身体上部向前倾，而后恢复原姿为礼（图4-25为鞠躬奉茶礼仪）。一般而论弯腰度数越大，表示越恭敬。分为站式鞠躬、坐式鞠躬、跪式鞠躬三种。

（1）

（2）

图4-24 侍站礼仪

（1）

（2）

图4-25 鞠躬奉茶礼仪

8．表情礼仪

茶艺师应保持恬淡、宁静、端庄的表情。眼睛、眉毛、嘴巴和面部表情肌肉的变化，能体现出个人的内心，对人的语言起着解释、暗示、纠正和强化的作用，茶艺师要求表情自然、典雅、庄重，眼睑与眉毛要保持自然舒展（图4-26）。

9．眼神礼仪

眼神是脸部表情的核心，能表达最细妙的表情差异，尤其在茶艺表演中要求表演者目光内敛、眼观鼻、鼻观心，或目视虚空、目光笼罩全场（图4-27）。切忌表情紧张、左顾右盼、眼神不定。

（二）基础操作规范

1．茶具摆放

茶艺师在摆放茶具时以操作方便为要，应符合沏泡者的习惯（图4-28）。习惯上靠近左边的物品用左手取，靠近右边的物品用右手取，需要用右手取左边物品时，应先用左手取物后转交到右手，反之亦然。泡茶过程中双手要配合使用，器具用完后放回原来位置，取放物品时要绕物取物，避免交叉取物；忌从茶具上交叉够取另一侧物品。

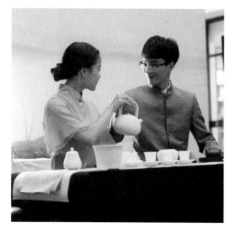

图4-26　表情礼仪

图4-27　眼神礼仪

（1）

（2）

图4-28　茶具摆放

2．茶巾折叠

茶巾是整个泡茶过程中不可缺少的用具，作用是擦拭茶具外面或底部的茶渍和水渍，茶巾选择吸水性强的毛巾，并保持干燥、洁净。茶巾的折叠，使用前可以简单地对折两次成小正方形，也可将茶巾三等分；折成三层长条形，再三等分折成方形（图4-29）。茶巾的使用，双手指在上，其余四指在下托起茶巾，右手放开持器具，茶巾必须保持清洁、干爽。

3．茶叶取放

泡茶时所用的茶叶应根据需要按量取用（图4-30），取完茶叶封好茶叶罐放回原处，剩在茶荷中的茶叶应尽早用完。因茶叶长时间在空气中放置会吸湿、氧化变质，放回罐中会影响罐中茶叶的品质，因此已取出的茶叶不要再放回茶叶罐。

4．持壶礼仪

茶壶要拿着舒服、不烫手，使用时动作自如，别人看着也舒服。在泡茶过程中，忌讳将壶嘴直接对着客人，不要按住壶纽顶上的气孔。标准持壶，拇指和中指捏住壶柄，向上用力提壶，食指轻轻搭在壶盖上，注意不要按住气孔，无名指向前抵住壶柄，小指收好（图4-31）。

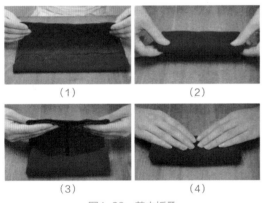

（1）　　　　　　（2）

（3）　　　　　　（4）

图4-29　茶巾折叠

图4-30　茶叶取放

（1）　　　　　　（2）　　　　　　（3）

图4-31　持壶礼仪

5．温具礼仪

（1）温具 在泡茶前将壶、杯等用具用开水淋烫一遍，一来提高器皿温度，以利于泡茶；二来清洁茶具，对品饮者表示尊重。玻璃杯，以200毫升左右为宜，无论是温杯还是敬茶，使用玻璃杯应手持杯底和杯子中下部，避免用手接触饮茶时口唇接触茶杯边缘部位，卫生有礼。

（1） （2）
图4-32 温具礼仪

（2）温杯 向玻璃杯中注入约1/4沸水，将杯子尽量水平倾斜，左手扶杯底，右手持杯身，以杯底为圆心旋转1～2周，温烫不低于8分满杯身高；将水倾入水盂，用茶巾擦拭杯外壁中下部和底部滑落水滴（图4-32）。

（3）温盖碗 盖碗中注入1/3左右容量沸水，像温烫玻璃杯动作，温烫盖碗；倒水时顺势温烫盖碗盖，体现动作优美，将热水通过盖碗盖注入盖碗，利用茶针翻盖，得到温盖碗盖的目的。

（4）温品茗杯 方法一是手拿品茗杯转动温烫；方法二是茶夹夹住品茗杯滚动温烫；方法三是将一只品茗杯放入另一只品茗杯中用手滚动温烫。

6．注水礼仪

注水礼仪（图4-33）分为三种，第一种为直冲，直接冲水至杯的七分满，或满壶；第二种为回旋冲水，逆时针或顺时针方向回旋冲水；第三种为凤凰三点头，冲水时连续由低向高上下起伏三次，有节奏地三起三落，使壶或杯中水量恰到好处，滴水不外溢，以示对客人的尊重与礼貌。

7．分茶礼仪

低斟茶和高冲水刚好相反，用茶壶或者公道杯向品杯中分茶或斟茶时，宜低而不宜高，壶或公道杯略高过茶杯沿即可，但不可接触杯沿。低斟茶的作用和缓，避免茶香飘散和茶汤四溅，非常细腻文静。直接将茶壶中的茶汤分到品茗杯中，为保持茶汤浓淡一致，则需要巡回分茶，即关公巡城；最后将壶中的精华也要一滴一滴地"点"到杯中，即韩信点兵（图4-34）。

图4-33 注水礼仪

图4-34 分茶礼仪

8. 奉茶礼仪

奉茶为双手将茶杯奉上，并伸出右手作"请"动作，请客人品茶（图4-35）。茶艺活动中，如奉多杯茶，可左手托奉茶盘（通常不直接放在桌上），右手奉上茶杯，并请品茶。有副泡时，主副泡一同离座，由副泡托着奉茶盘，小步行至客人跟前，站好、行礼，由主泡双手端茶请客人品饮。奉茶后，不可立即转身离开，应小步后退1～2步，行草礼后，再转身离开。

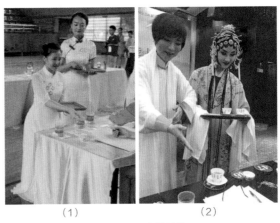

（1）　　　　　　（2）

图4-35　奉茶礼仪

9. 叩手礼仪

对于喝茶的客人，在茶艺师奉茶之时，应以礼还礼，要双手接过或行叩手礼（图4-36），将中指、食指稍微靠拢，在桌子上轻叩两下，以示谢意。无论是晚辈对长辈、下级对上级，还是平辈之间接受奉茶时，都会双指并拢轻叩桌面以示谢意，现在多不必弯曲手指，用指尖轻轻叩击桌面两下，显得亲近而谦恭。

图4-36　叩手礼仪

10. 持杯礼仪

持杯时，拇指和食指捏住杯身，中指托杯底（称"三龙护鼎"），无名指和小拇指收好，持稳品茗杯；持盖碗，一手持稳杯托，一手掀盖闻香或品茗（图4-37）。

11. 闻香礼仪

品饮前习惯性观看茶汤颜色、闻茶汤香气，为品茶不可或缺的动作。常有闻品茗杯汤香、闻盖碗汤香、闻闻香杯香及闻盖碗盖香（图4-38）。

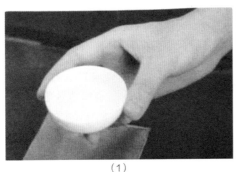

（1）　　　　　　　　　　　　　（2）

图4-37　持杯礼仪

（1）闻盖碗汤香

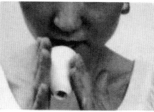
（3）闻闻香杯香

（2）闻品茗杯汤香

（4）闻盖碗盖香

图4-38　闻香礼仪

四、经典茶艺赏析

（一）茶说家演讲大赛：茶路心语

1. 背景介绍

参赛选手郭树红，2000年创办元春茶庄，2006年在宜兴丁蜀镇收购原川阜茶场并更名为元春茶场。茶山占地500余亩，形成了自有的制茶及研发基地。元春茶的种植与生产以绿色、安全为主旨。从鲜叶采摘、萎凋、杀青、揉捻、发酵各工艺过程中，传承和创新并举。

2.《茶路心语》演讲词

各位老师，各位朋友大家好！

今天，首先感谢组委会，让我有机会向各位专家和茶友讲述我与茶的故事，表达我对茶芬芳浓郁的情感。说起茶，我想起宋代诗人高文虎的一首诗。诗中这样说道："江南嘉木蔚苍苍，能与山梅次第芳。叶厚耐擎三寸雪，飞初怯受一番霜。"我之所以用这首诗开头，是因为它讲到茶之不易，与我20多年的问茶之路深深契合。我认为，每一片茶叶都是青春的生命，经风历雨，顽强生长，在缱绻的叶脉间满是芬芳的记忆！

我的家乡在滨江临海的江北平原，放眼望去，除了五座小山外，周围一马平川，视野开阔。难怪北宋文学家王安石登山时说"遨游半是江湖里，始觉今朝眼界开"。在这里，我与茶叶生发的情意和故事，竟几乎包含了人生的全部。幼年时，父亲每天泡茶、品茶的习惯，让我开始了对茶的感知，构成我童年的记忆。后来，茶成了我婚姻家庭的重要媒介，以至于最终成为孜孜以求的事业。我与先生携手开创了自有茶品牌，开启了一座城市茶文化的春天。

从1996年我在国营大商场承包柜台卖茶叶开始，到2000年在繁华的商业区开办茶庄；再到2006年在宜兴收购茶场，我成为一座城市首个集生产、加工、销售为一体化的商户；集书香琴韵、茶道授业、培训交流的茶文化平台。既要开拓事业，还要照顾孩子；既要潜心传播茶文化，还要积极参加公益活动，履行政协委员职责，积极为城市茶艺形象做贡献。

这些年来，随着事业的拓展，我致力于茶文化传承与普及。2007年创立了首家民间茶艺培训中心，2013年牵头成立了市茶文化研究会，并担任会长。2015年创办雅集学社，我像铆紧发条的闹钟，在茶的世界里不停地赶路。当初，收购茶场全凭对茶的一腔热爱。然而，事业拓展时资金筹措的艰辛、茶园的管理与制茶技术瓶颈，还有400多亩茶园产茶销售的难题，一系列问题考验着我的心智和耐力。诚如古人所云，看似寻常最奇崛，成如容易却艰辛。

问茶路上的每一步都是创业，都是初心，只有咬紧牙关，才能不负使命，超越自我。冬去春来，我们生产的系列茶产品，赢得市场的欢迎！尤其是以自然发酵的方法制出的红茶，品质好，香气浓，味醇厚。在2010年上海茶叶博览会上，元春派红茶被指定为唯一官方用红茶。

如果说"一分耕耘一分收获"说的是对种庄稼而言的话，那么对于爱茶之人来说，每分耕耘却未必都有收获。尽管如此，问茶之路依然初心不改。我买的茶园400亩，我居住的城市离茶园的路程400里，冥冥之中隐喻茶是我一生一世的事业追求。追求茶的事业，是我战胜死亡威胁的精神宗教，也是我战胜病魔的快乐良方。

二十余年来，我以创立的店号和市茶文化研究会的名义，先后培养了近万爱茶人；帮助了近千人走上爱茶做茶的事业，助力了百余人脱贫致富改变了命运。还为贫困地区的十余位少年圆了上学梦。以一片茶林的真诚，为和谐社会尽一份爱茶人创业者的社会责任！

2019年国庆节刚过，我又去云南西双版纳游学，寻访千年古茶树。当我站在她的面前，感到生命的短暂与渺小。做茶人最懂树的心思，树最知茶人的念想。在她的面前，感受她的气息，倾听她的声音，她深谙"树红"——我的名字，就是对一棵茶树的爱称。因为是茶早已融入了彼此的生命，吐露的芳华，如黎明的霞光，亦如尽染的秋林，万山红遍！如果人有来生，我愿意托生为古茶树上的一片叶子，变成茶树林中那一抹虹，这就是我的茶路心语！

谢谢各位老师，谢谢亲爱的朋友！

（二）原叶茶水丹青茶艺

原叶茶水丹青创新茶艺是指只利用叶状茶和天然水为原料，通过简易科学操作程序，将书法、绘画技艺和茶科学有机融合的茶艺，是将宋代点茶、现代茗战、茶百戏进行创造性转化、创新性发展的集大成者，是一种可以边饮边玩的新时代茶艺（图4-39）。

操作方法是按照茶水比 [（1：25）～（1：30）]，将沸水闷泡5分钟改为分层蒸馏萃取，考虑到茶汤泡沫的形成因素，采用豆浆机点动沸水萃取（15～30秒），间隔重复4～5次；使用

图4-39　浙江大学童启庆展示水丹青茶艺

山泉水500mL、安吉白茶17克；茶萃取汤液采用自来水冲凉降温至40℃以下，装入烧杯备用。

叶茶丹青茶艺操作流程：设计方案→准备器具→布置茶席→称量茶叶→萃取茶液→趁热快速搅拌→转入玻璃器皿→快速降温至40℃以下→分匀至适宜容器→茶笕直线搅拌→液面茶泡沫厚至2厘米左右→开始丹青书法或绘画→手机照相固化成果。

影响茶泡沫的几个因素：一是茶水比［（1∶25）～（1∶30）］，二是茶汤液温度（室温～40℃），三是茶汤液在容器内的厚度（2～4厘米），四是茶汤制备方法（沸水闷泡，最好分层萃取，多次高速搅拌），五是茶笕搅动轨迹（快速直线，腕部用力），六是茶汤中不溶物量（无茶渣、超微抹茶粉做颜料不如高浓度茶汁）。

确保制作工艺清洁卫生，茶泡沫是可以食用的，而且还可以保持一定的风味。书法与绘画可以作为叶茶丹青茶艺的起始创作和推广形式，当技艺高超了，可以在书画基础上，将"注汤幻茶、运匕成象"技艺加以应用，增加创作作品的灵动性和变幻性，很好地培养学生的创新能力和艺术修养。

（三）创新茶艺：龙窑茶魂

1. 背景介绍

宜兴市为江苏无锡市代管的县级市。公元前221年建县，改荆邑为阳羡县。隋开皇九年（589年）改称义兴县。宋太平兴国元年（976年）改为宜兴县。1988年1月撤销宜兴县，设宜兴市（县级市）。

宜兴是中国著名陶都，7000余年制陶史孕育了丰厚独特的陶瓷文化。丁蜀及周边陶瓷产区遍布许多汉唐以后的古窑址，见证宜兴陶业发展演变的历史，古老的陶瓷传说和陶瓷生产习俗流传至今。在岁月的长河中，历代陶工薪火相传，以勤劳和智慧创制出千姿百态、品种繁多、造型优美的陶瓷精品。古朴典雅的紫砂、苍翠如玉的青瓷、端庄凝重的均陶、美观耐用的精陶、风姿绰约的美彩陶，被誉为宜兴陶瓷艺术的"五朵金花"。21世纪初，紫砂陶制作技艺、均陶堆花手工制作技艺分别被列入国家和省非物质文化遗产保护名录。

阳羡茶就产于宜兴。宜兴是我国久负盛名的古茶区之一，如今这里已是江苏省最大的茶叶产区。在宜兴山区，青山逶迤，绿带萦绕，百里茶区生机勃勃，清香四溢，令人心旷神怡，人称"茶的绿洲"。宜兴阳羡紫笋茶历来与杭州龙井茶、苏州碧螺春齐名，被列为贡品。坐落于太湖旅游度假区兰山茶场的"阳羡雪芽"品质享誉全国。

前墅古龙窑是紫砂壶炼制名窑，位于今天江苏省宜兴市丁蜀镇前墅牛角山上，创烧于明代，延烧至今，是宜兴地区目前仍以传统方法烧造陶瓷的唯逐一座古龙窑，被称为宜兴最后的活龙窑。据悉，海内目前仅存两座还在烧制陶瓷品的明代古窑，一处是广东佛山石湾的熏风古灶，另一处就是宜兴的前墅古龙窑。该窑1985年1月被评为县级文物保护单位、2002年10月被评为省级文物保护单位，2006年5月被评为全国重点文物保护单位。

2.《龙窑茶魂》茶艺创作

（1）主题思想　党的十九大报告指出："推进国际传播能力建设，讲好中国故事，展现真实、立体、全面的中国，提高国家文化软实力。"中国茶叶陶瓷通过丝绸之路，走向世界，从而代表了中国的形象，我们的每款茶叶，每款茶器都是有故事，有生命的，茶艺师作为"民间外交家"，以茶为媒，泡好一杯茶，让茶叶，让茶器说话，讲好茶叶的故事。

（2）创作思路　江苏宜兴前墅古龙窑，是中国连续式陶瓷烧成窑的一个典型，自明代使用以来，六百年窑火不断，薪火相传。宜兴紫砂壶以龙窑为依托，在代代中国匠人的刀刻笔斧之下，才能精益求精，走出国门，走向国际市场。

宜兴古称阳羡，阳羡茶唐代时，就被列为贡品，"天子须尝阳羡茶，百草不敢先开花"，卢仝用七碗茶歌，将阳羡茶咏叹得淋漓尽致，茶圣陆羽更是称赞阳羡茶"芬芳冠世"。境会亭对于阳羡茶有重要的意义，唐朝时，宜兴、湖州、常州三地太守在此地相会，喊山采茶，评选优质茶叶，上供朝廷。境会亭是中国贡茶历史上不能忽略的一个重要符号。五色土出紫砂，紫砂壶名扬四海，五色土产名茶，阳羡茶芬芳冠世。

茶，种在山间，富了一方百姓；落入壶盏，促进了中国陶瓷乃至世界陶瓷的发展；融入水中，形成了中国人千百年来相似的味觉记忆，凝结了中华民族的民族认同感；传播四海，茶是中国文化的经典符号，让世界看到中国人的气质和骄傲。在六百年历史的、活着的古龙窑边，泡一壶千年前被唐朝皇室列为贡茶的阳羡茶，可以让人更加真实地触摸中华文化命脉。泡好这壶中国茶，讲好中国故事，传播中国文化精神！

（3）创新点　将前墅古龙窑呈现在茶席（图4-40）上，在龙窑边冲泡阳羡茶让人更加深刻地感受龙窑的沧桑，视频中熊熊窑火点起时，道具模型模拟的灯光亮起，营造出龙窑的生命力，传达出茶席想要表达的窑火不断、薪火相传的中国茶人传承与创新的精神。

（4）国赛解说词

①开头解说：我出生在北方，因为读书来到江南宜兴这座小城，这里的器，这里的茶就让我从此魂牵梦绕。于是我从学电子的工科女，变成了一个十年的爱茶人，今天在熊熊窑火边，在一盏茶汤的苦涩甘甜中，试着去寻找这茶、这器背后的灵魂故事，寻找让自己再也离不开的缘由。

②行茶解说：（落座）宜兴，古称阳羡，早在唐代时，宜兴茶以绝佳品质入选皇室贡茶，阳羡茶从此声名鹊起，这里又是中国著名陶都，有七千余年的制陶历史，紫砂器具更是闻名中外的陶中瑰宝。

图4-40　《龙窑茶魂》茶席场景

（温壶）宜兴前墅古龙窑是中国连续式陶瓷烧成窑的典型，自明代使用以来，近百年窑火不断，紫砂壶以龙窑为依托，在代代中国匠人的刀刻笔斧之下，精益求精，名扬四海。

（赏茶）"天子须尝阳羡茶，百草不敢先开花"，卢仝用《七碗茶歌》将阳羡茶咏叹得淋漓尽致，茶圣陆羽更是称赞阳羡茶"芬芳冠世"。

（出汤）我追溯阳羡茶的踪影，遇到境会亭，虽然它其貌不扬，但是它见证了阳羡茶曾经的辉煌历史，也希望它更能见证阳羡茶在我们这代制茶人的努力之下重铸辉煌。

③结束语：绵延茶山，熊熊窑火，春夏秋冬，生生不息，养育了一代又一代的宜兴儿女，制茶制器技艺薪火相传，这背后是中华民族的精益求精、严谨克己的匠人精神，是茶魂。

几千年来宜兴茶文化和紫砂文化交相辉映，传承有序，至今仍蕴含着勃勃生机，焕发着强大的精神力量，这就是茶魂，也是我再也离不开这座小城的缘由。

第二节　当茶之父遇上茶之母

茶滋于水，水藉于器；水为茶之母，器为茶之父。无论是千姿百态的紫砂茶具，还是温润细腻的瓷器茶具，不管是晶莹剔透的玻璃茶具，还是稳重厚实的金属茶具，每一款茶具的背后，无不凝结着匠人的匠心，延续着时代的文脉。

茶，一旦与水融合，便释放出自己的一切，毫无保留地贡献出自己的全部精华。"茶性必发于水，八分之茶，遇十分之水，茶亦十分矣；八分之水，试十分之茶，茶只八分耳"。

有好茶喝，会喝好茶，是一种清福。茶、水、具，三者相聚，融合出一杯茶。茶泡好，是否真的适合饮用，这就要看看自己的体质和当时的心情了，不同的体质，有相对适宜的茶叶可以饮用，是有一定科学规律。

一、茶之父的衍生与担当

（一）茶具相关的历代名窑

1. 越窑

越窑是古代著名的青瓷窑，制瓷历史自汉至宋长达1000余年，中晚唐逐渐进入辉煌时期，北宋晚期逐渐衰落，是唐代"南青北白"格局中"南青"的杰出代表（图4-41）。陆羽《茶经·四之器》写道："若邢瓷类银，越瓷类玉，邢不如越，一也；邢瓷类雪，则越瓷类冰，邢不

（1）清仿越窑·划花茶壶　　　　（2）宋越窑·刻花茶壶

图4-41　越窑瓷具

如越，二也；邢瓷白而茶色丹，越瓷青而茶色绿，邢不如越，三也。"陆羽煮饮绿茶，故极推崇越瓷。

2. 邢窑

图4-42 唐代邢窑茶具

邢窑以主产白瓷著称，是唐代"南青北白"格局中"北白"的杰出代表。邢窑自北朝发展至唐朝时进入成熟期，唐末五代时期逐渐衰落。邢瓷器底中刻"盈"字的，是唐代大盈库在邢窑定烧的瓷器，为贡品。陆羽《茶经》评价认为邢不如越，主要因为他饮用蒸青饼茶，若改用红茶，则结果正好相反，两者各有所长，关键在于与茶性是否相配（图4-42）。

3. 汝窑

汝窑是宋代五大名窑之一。北宋晚期为宫廷烧制青瓷，是古代第一个官窑，又称北宋官窑。以生产青瓷而著称，传世文物极少（据统计世界上不足百件），历来被视为无上珍品（图4-43）。釉色主要有天青、天蓝、淡粉、粉青、月白等，釉层薄而莹润，釉泡大而稀疏，有"寥若晨星"之称。釉面有细小的纹片，称为"蟹爪纹"。

4. 钧窑

钧窑是宋代五大名窑之一。以釉具五色、光彩夺目而独树一帜，享有"黄金有价钧无价""纵有家财万贯不如钧瓷一片"的盛誉（图4-44）。钧窑第一次成功烧成了铜红釉，打破了"南青北白"一统天下的局面，在陶瓷工艺史上非常突出。古人用"绿如春水初生日，红似晚霞欲出时"和"夕阳紫翠忽成岚"等诗句形容钧窑釉色之美。

（1）北宋汝窑·天青釉弦纹尊

（2）北宋汝窑·天青釉洗

图4-43 汝窑瓷具

（1）北宋钧窑·玫瑰釉葵花式花盆

（2）钧瓷·玫瑰紫釉葵花式花盆

图4-44 钧窑瓷具

5. 定窑

定窑是宋代五大名窑之一。定窑受邢窑影响以烧制白瓷为主，首创覆烧法，白瓷釉层略显绿色，流釉如泪痕（图4-45）。镶口工艺问世，以金、银、铜包镶口边，既美观大方又解决了"定器有芒"的缺点。生产优质白瓷，以刻印花著称于世，曾一度成为北宋宫廷御用品。

（1）定窑·白釉印花云龙纹盘　　　　　（2）定窑·白釉刻花折腰碗

图4-45　定窑瓷具

6. 官窑

官窑是宋代五大名窑之一。素有"旧官"和"新官"之分，前者为北宋官窑，后者为南宋官窑。北宋官瓷胎质均为灰黑和紫褐色，釉层凝厚，青釉比较淡，以釉面开大裂纹片著称（图4-46）。南宋官窑的产品均为最高等级青瓷，无论是厚胎瓷，还是薄胎器物，在造型上都追求古朴典雅。由于专烧宫廷用品，官窑在南宋时就已"为世所珍"。

（1）南宋官窑冰裂茶具　　　　　　（2）官窑彩蝶品茗杯

图4-46　官窑瓷具

7. 哥窑

哥窑是宋代五大名窑之一，传世品为数不少。哥窑被列为宋代名窑，窑址一直未被确认。传世的哥窑瓷器，胎有黑、深灰、浅灰、土黄等色，釉以灰青色为主，也有米黄、乳白等色，由于釉中存在大量气泡、未熔石英颗粒与钙长石结晶，所以乳浊感较强。釉面有大小纹开片，细纹色黄，粗纹黑褐色，俗称"金丝铁线"，均不同于宋代龙泉官窑（图4-47）。

（1）哥窑·八方碗　　　　　　　　　（2）哥窑·灰青釉鱼耳簋式炉

图4-47　哥窑瓷具

8. 建窑

宋代斗茶成风，催生了斗茶神器——黑釉瓷建盏，随着品茶方式由"煎饮"到"点饮"的转变而消失。建窑以烧黑瓷而闻名于世，宋徽宗曾评价其"盏色贵青黑，玉豪条达者为上"。器底刻有"进盏""供御"等字样，为宋代宫廷烧制的贡品（图4-48）。在日本的"天目碗"，如"曜变天目""油滴天目"等，现都成为日本的国宝。

9. 景德镇窑

景德镇窑始自唐代，直至清末，历史悠久，有瓷都之称。景德镇原名昌南镇，宋真宗对

（1）龙窑柴烧·束口鹧鸪斑茶盏　　　　（2）龙窑柴烧·束口兔毫窑变茶盏

（3）南宋建窑兔毫束口盏

图4-48　建窑瓷具

此瓷器爱不释手，便将自己的年号"景德"赐给了这个小镇，景德镇从此声名大噪。产品有青瓷与白瓷两种，青瓷色发灰，白瓷色纯正，素有"白如玉、薄如纸、明如镜、声如磬"之誉（图4-49）。宋时就远销日本，明清时大量输入欧洲，奠定了"景瓷宜陶"的瓷都地位。

10. 宜兴窑

宜兴窑在汉晋时期就始烧青瓷，产品造型的纹饰均受越窑影响，胎质较疏松，釉色青中泛黄，常见剥釉现象。于宋代开始改烧陶器，及明代它则以生产紫砂而闻名于世。据《阳羡茗壶系》记载，紫砂壶的创始者是金沙寺僧，正始于供春，供春是学使吴颐山的家僮。名家李茂林发明了壶放在匣钵（瓦囊）中烧制法，一直沿用至今（图4-50）。

11. 龙泉窑

龙泉窑青瓷（图4-51）历史悠久，是继越窑衰落后发展起来的青瓷著名产地，是我国最为著名的陶瓷窑系之一，与景德镇青花瓷并列为中国陶瓷史上最具世界影响力的陶瓷产品。龙泉窑为南青瓷的一大产地，兴起于宋代，结束于清代。龙泉窑瓷器胎为灰白色，坚致细腻，釉色乳浊，有豆青、淡蓝、蟹壳青、青灰等，以粉青和梅子青最具魅力，润泽亮光，凝厚润泽有玉质感，可比美翡翠。南宋时期由于北宋政权南移至杭州，龙泉窑得到了迅速发展，远销海外。

（1）景德镇窑·青白釉花型盏 （2）景德镇窑·青白釉刻花花口长颈瓶

图4-49　景德镇窑瓷具

图4-50　宜兴窑紫砂壶 图4-51　龙泉窑青瓷小斗笠盏

（二）三套经典茶具

唐代陆羽煎茶24器（图4-52），后细分为28器。其中生火用具有风炉（灰承）、筥、炭挝和火筴5种；煮茶用具有镀、交床和竹夹3种；制取茶粉用具有夹、纸囊、碾、拂末、罗合和则6种；盛取洁水用具有水方、漉水囊、瓢和熟盂4种；盛取盐用具有鹾簋和揭2种；饮茶用具有碗1种；盛放器物用具有畚、具列和都篮3种；煎茶清洁用具有涤方、滓方、札和巾4种。《茶经·九之略》云："其煮器，若松间石上可坐，则具列废。用槁薪、鼎之属，则风炉、灰承、炭挝、火筴、交床等废。若瞰泉临涧，则水方、涤方、漉水囊废。若五人已下，茶可末而精者，则罗废。若援藟跻岩，引絙入洞，于山口灸而末之，或纸包合贮，则碾、拂末等废；既瓢、碗、筴、札、熟盂、鹾簋悉以一筥盛之，则都篮废。但城邑之中，王公之门，二十四器阙一，则茶废矣。"

宋代审安老人《茶具图赞》收录的"十二先生"，为点茶操作工具（图4-53）。《茶具图赞》是我国第一部茶具专著，绘制了宋代点茶、分茶使用的茶具，是第一部以图谱形式为

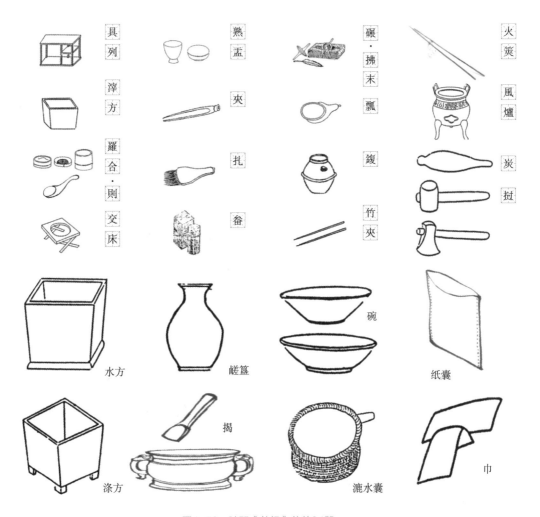

图4-52　陆羽《茶经》煎茶24器

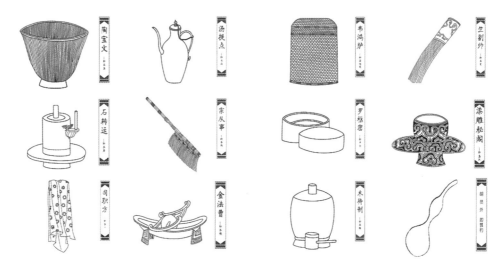

图4-53 宋代审安老人"十二先生"

主反映茶事的专著。该书作者南宋审安老人于宋咸淳五年（公元1269年）集宋代点茶、分茶用具之大成，以传统的白描画法绘制了宋代茶具12件，分别为茶焙笼、茶磨、茶臼、茶杓、茶碾、茶托、茶盏、汤瓶、茶筅、罗合、拂末、茶巾，称为"十二先生"。审安老人以拟人的手法为每一种茶具命名并冠以宋代官职名，计有韦鸿胪、石转运、木待制、胡员外、金法曹、漆雕秘阁、陶宝文、汤提点、竺副帅、罗枢密、宗从事、司职方，形象贴切。茶具经过作者的艺术加工，赋予诗意，充分显示了作者隽思妙寓的智慧和深厚的文化底蕴。

　　陕西法门寺地宫也出土过系列茶器（图4-54）。1987年，陕西扶风法门寺地宫出土了大批珍贵文物。在地宫后室的坛场中心供奉着一套以金银质为主的宫廷御用系列茶具，引起全世界茶文化界的瞩目。地宫出土的咸通十五年（874）《献物帐》碑文中言道，僖宗供奉："笼子一枚，重十六两半；龟一枚，重二十两；盐台一付，重十三两；结条笼子一枚，重八两三分；茶槽子、碾子、茶罗、匙子一付七事，共八十两。""七事"对照实物当为茶碾子、茶碢轴、罗身、抽斗、茶罗子盖、银则、长柄勺等。法门寺地宫珍藏的茶器，并不止"七事"，还有盐台、笼子、茶碗、茶托等器，部分茶器为唐懿宗御用之物。它是大唐茶文化兴盛的综合体现，更是大唐宫廷茶道兴隆的集中表现。

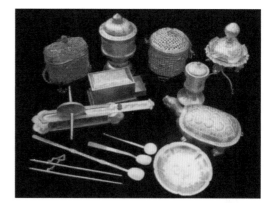

图4-54 陕西法门寺地宫出土的系列茶器

　　（三）泡茶择具三大原则

　　1. 遵循茶性原则

　　绿茶，可选用透明无花纹的玻璃杯，或是白瓷、青瓷、青花瓷无盖杯、盖碗等，以无花纹的玻璃杯为最佳，玻璃杯茶具可以更好地观赏绿茶的形态和色泽；黄茶，可选用奶白瓷、黄釉瓷器和以黄、橙为主色的五彩瓷壶、杯具、盖碗、盖杯等，能够使茶的颜色衬托得更艳丽；白茶，可选用白瓷壶杯具，或反差很大的内壁施黑釉的黑瓷茶具，以衬托出茶的白毫；红茶，可选用内壁施白釉的紫砂茶具，白瓷、红釉瓷的瓷壶、盖碗、盖杯等，能更好地烘托红茶如玛瑙般的汤色；乌龙茶，可选用白瓷质地的壶、盖碗、盖杯，或是紫砂质地的茶具，衬茶汤颜色，聚拢茶香；黑茶，可选用紫砂壶、白瓷杯具，或是飘逸杯等茶具；花茶，可选用青瓷、青花瓷、粉彩瓷器的瓷壶、盖碗、盖杯等，花茶是需要闷泡的茶品，盖子可使香气聚拢，揭开盖的时候，香气扑鼻，能更好地体现出花茶品质。

2. 遵循器性原则

（1）青瓷茶具　青瓷茶具（图4-55）除具有瓷器茶具的众多优点外，因色泽青翠，用来冲泡绿茶，更有益汤色之美。如果用它来冲泡红茶、白茶、黄茶、黑茶，则易使茶汤失去本来面目，似有不足之处。唐代越窑、宋代龙泉窑、官窑、汝窑、耀州窑等，都属于青瓷。

图4-55　青瓷茶具

（2）白瓷茶具　白瓷茶具（图4-56）因色泽洁白，能反映出茶汤色泽，传热、保温性能适中，加之色彩缤纷，造型各异，堪称饮茶器皿中的珍品。唐代有名的是过渡性灰白瓷邢窑；北宋早期是白瓷定窑、汝窑；元代白瓷是白中含青，白瓷出现倒退现象；明代又恢复白瓷的本相。

（3）青花瓷茶具　彩瓷中的典型代表之一是青花瓷。青花瓷茶具主要有盖碗、公杯、青花品杯、青花茶盘（图4-57）。青花瓷茶具以清幽淡雅、意境幽远的写意特色与茶文化相融合，深受人们的喜爱与欢迎。

图4-56　白瓷茶具

图4-57　青花瓷茶具

（4）陶器茶具　陶器茶具（图4-58）造型多样，或高雅或古朴或抽象或形象，可以随意创造。坯质致密坚硬，敲击音低沉，无吸水性，能保持茶叶的原始风味，保温性能好，在夏天泡茶也不易变质，还可在炉上煮茶。近年随着茶艺的盛行，特别是茶席设计的兴起，陶器茶具又被重视起来。

图4-58　陶器茶具

（5）搪瓷茶具　搪瓷茶具（图4-59）质地坚固、耐于使用、图案清晰、重量较轻且不易腐蚀。仿瓷茶杯洁白、细腻而有光泽，可以和瓷器相媲美；因传热迅速，很容易烫到手，且置于茶几上时，会将桌面烫坏，使用的时候有一定的局限性，通常不用来招待宾客。

（6）漆器茶具　脱胎漆茶具（图4-60）通常是一把茶壶连同四只茶杯，存放在圆形或长方形的茶盘内，壶、杯、盘通常呈一色，多为黑色，也有黄棕、棕红、深绿等色，并融书画于一体，饱含文化意蕴，且轻巧美观、色泽光亮、明镜照人，又不怕水浸，能耐温、耐酸碱腐蚀。

（7）金属茶具　历史上还有用金、银、铜、锡等金属制作的茶具（图4-61），尤其是锡作为贮茶器具材料有较大的优越性。锡罐多制成小口长颈，盖为筒状，比较密封，因此对防潮、防氧化、防光、防异味都有较好的效果。

图4-59　搪瓷茶具

图4-60　漆器茶具

图4-61　金属茶具

（8）紫砂茶具　紫砂茶具（图4-62）属陶器茶具的一种。坏质致密坚硬，取天然泥色，大多为紫砂，也有红砂、白砂。它耐寒耐热，泡茶无熟汤味，能保真香，且传热缓慢，不易烫手，用它炖茶，也不会爆裂。泡茶不走味，贮茶不变色，盛暑不易馊。

图4-62　紫砂茶具

（9）玻璃茶具　玻璃茶具（图4-63）最为常见，用它泡茶，茶汤色泽，茶叶姿态，以及茶叶在冲泡过程中的沉浮移动，都尽收眼底。因此，用来冲泡种种细嫩名优茶，最富品赏价值，家居待客，不失为一种好的饮茶器皿。但玻璃茶杯质脆，易破碎，比陶瓷烫手，是美中不足。

（10）竹木茶具　竹木茶具（图4-64）原料来源广，制作方便，对茶无污染，对人体又无害，因此，自古至今，一直受到茶人的欢迎，但缺点是不能长时间使用。现在出现了一种竹编茶具，它既是一种工艺品，又富有实用价值，主要品种有茶杯、茶盅、茶托、茶壶、茶盘等，多为成套制作。

图4-63　玻璃茶具

图4-64　竹木茶具

3. 遵循"三选二不选"的选具原则

（1）选择健康安全的茶具　品茶追求的是健康、好喝、快乐。因此选择茶具的首要因素就是环保健康，安全无毒害；选择茶具不仅要考虑材质的食品安全特性，更要充分考虑到茶具的使用安全性，最好是有品牌的正规产品，是茶具选择的最基本原则。

（2）选择舒适称手的茶具　握持舒适、不烫手、称手的茶具，方便得心应手掌控注水方式、出汤时机及用量，泡出想要的茶汤滋味和香气，呈现一杯好茶。购买茶具，先试用一下，茶具的规格、重量，握持感适合为准，不称手的茶具最好不要勉强选择。

（3）选择适合茶品的茶具　茶性不同适宜的器具应有差异；不同材质、工艺及器型的茶器应有最适宜的茶品。为了泡好一杯茶，最好能够"因茶选器"。在选择茶具前，要根据自己用于冲泡茶的茶性，有的放矢地去充分了解适宜茶具的特性，实现适合茶具泡合适的茶。

（4）造型夸张怪异的茶具不选　造型夸张或怪异的茶具，一般不具备协调的美感，多为哗众取宠、粗制滥造的档次不高茶具。这类茶具的手感相对较差，外观偏离大众的审美取向，缺乏典雅品格和实用性，不要凭一时的冲动好奇而选购。

（5）过大过小过重的茶具不选　茶具过重则操作不灵便，影响泡茶者正常发挥；过轻则手感轻浮不踏实，易产生负面心理暗示放不开手。尺寸过大的茶具不易握持，易滑，用力量控制时，不利于流畅冲泡。尺寸过小的茶具，违背人体力学原理，不易冲泡出一杯好茶。

二、茶之母的变幻与滋润

（一）古人用水的智慧

古往今来，人们在论茶时，总忘不了谈水。历代典籍中有关泡茶用水的记载诸多，比较有影响的如茶圣陆羽在《茶经·五之煮》中对宜茶择水方面所言："其水，用山水上，江水中，井水下。"宋徽宗赵佶在《大观茶论》中写道："水以清、轻、甘、冽为美。轻甘乃水之自然，独为难得。"综合起来，大致可以归纳为"活、清、轻、甘、冽"五方面。

1. 水源要"活"

"活水"是对"死水"而言，要求水"有源有流"，不是静止水。陆羽《茶经》："其水，用山水上，江水中，井水下。"唐庚《斗茶记》："水不问江井，要之贵活。"苏东坡《汲江煎茶》："活水还须活火煎，自临钓石取深清"。陈眉公《试茶》："泉从石出情更冽，茶自峰生味更圆。"烹茶用水，以"活"为贵，"活"代表有生机，有活力，活水更能发出茶的芳香。

2. 水品要"清"

饮用水应当洁净，无论从视觉、味觉、卫生学角度，还是从营养学、微量元素角度来看，清水都是优于浊水。熊明遇《罗岕茶疏》："养水须置石子于瓮，不惟益水，而白石清泉，会心亦不在远。"表明宜茶用水需以"清"为上。田艺衡《煮泉小品》："移水取石子置瓶中，虽养其味，亦可澄水，……择水中洁净白石，带泉煮之，尤妙，尤妙！"

3. 水质要"轻"

水质的"轻"是相对"重"而言，古人总结：好水"质地轻，浮于上"，劣水"质地重，沉于下"。古人所说水之"轻、重"类似今人所说的"软水、硬水"。陆以湉《冷庐杂记》："（乾隆）巡跸所至，制银斗，命内侍精量泉水，以轻者为优。"

4. 水味要"甘"

"甘"是指水入口中，舌和两颊之间会产生有甜美感，无咸苦感。水受地理环境、矿物质等因素影响，水味有甘甜、苦涩之别。蔡襄《茶录》："水泉不甘，能损茶味。"罗廪《茶解》："梅雨如膏，万物赖以滋养，其味独甘，梅后便不堪饮。"田艺蘅《煮泉小品》："味美者曰甘泉，气氛者曰香泉。"宜茶水味重在甘，水甘，才能出味。

5. 水温要"冽"

冽字的意思是冷寒，指水从岩层浸出，水温低，即用寒冷的雪水、冰水煮茶、其茶汤滋味极佳。有科学研究表明，水在结晶过程中，杂质下沉，结晶的水相对比较纯净。"泉不难于清，而难于寒"，"冽则茶味独全"。因为寒冽之水多是出自地层深处的泉脉之中，所以其所受的污染少，因此，其泡出的茶汤滋味也就更纯正。

张源《茶录·品泉》总结："山顶泉清而轻，山下泉清而重，石中泉清而甘，砂中泉清而冽，土中泉淡而白，流于黄石为佳，泻出青石无用，流动着愈于安静，负阴者胜于向朝，真源无味，真水如香。"屠隆《茶水·择水》点评："天泉，秋水上，梅水次之；地泉，取乳泉漫流者，取清寒者，取石流者，取山脉逶迤者；江水，取去人远者；井水，虽汲多者可食，终非佳品。"

（二）现代商业饮用水分类

1．自来水

自来水是指通过自来水处理厂净化、消毒后生产出来的符合相应标准的供人们生活、生产使用的水。生活用水主要通过水厂的取水泵站汲取江河湖泊及地下水、地表水，由自来水厂按照GB 5749—2006《生活饮用水卫生标准》，经过沉淀、消毒、过滤等工艺流程的处理，最后通过配水泵站输送到各个用户。

2．纯净水

所谓纯净水就是将天然水经过多道工序处理、提纯和净化的水。经过多道工序后的纯净水除去了对人体有害的物质，同时除去了细菌和可溶固体（如矿物质），可以直接饮用。符合GB 19298—2014《食品安全国家标准　包装饮用水》。

饮用纯净水的工艺流程：

原水→砂滤→碳滤→精滤→一级反渗透→二级反渗透→臭氧杀菌

3．蒸馏水

蒸馏水是指经过蒸馏、冷凝操作的水，蒸二次的称为重蒸水，三次的称为三蒸水。自然界中的水都不纯净，通常含有钙、镁、铁等多种盐，还含有机物、微生物、溶解的气体（如二氧化碳）和悬浮物等。用蒸馏方法可以除去其中的不挥发组成。用蒸馏法（图4-65），配合特殊措施，可获取质量较高的蒸馏水。

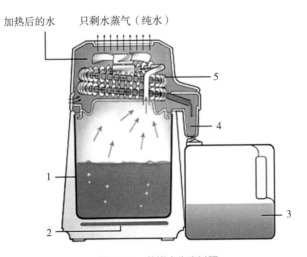

图4-65　蒸馏水生产过程

1—隔热板　2—加热器　3—储水桶　4—活性炭过滤　5—冷却系统

4. 矿泉水

矿泉水是在地层深部循环形成的，含有国家标准规定的矿物质及限定指标。天然矿泉水指从地下深处自然涌出或经钻井采集，含有一定量的矿物质、微量元素或二氧化碳气体，在一定区域内未受污染并采取预防措施避免污染的水。在通常情况下，其化学成分、流量、水温等相对稳定。饮用矿泉水时应以不加热、冷饮或稍加温为宜，不能煮沸饮用。

5. 天然水

根据国际瓶装水协会（IBWA）的定义，天然水是指瓶装的，只需最小限度的处理的地表水或地下形成的泉水、矿泉水、自流井水，不是从市政系统或者公用供水系统引出的，除了有限的处理（如过滤、臭氧或者等同处理）外不加改变。它既去除了原水中极少的杂质和有害物质，又保存了原水中的营养成分和对人体有益的矿物质和微量元素，天然水是弱碱性水。

6. 矿物质水

所谓饮用矿物质水，是指在纯净水的基础上添加了矿物质类食品添加剂而制成的。一般以城市自来水等符合生活饮用水卫生标准（GB 5749—2006《生活饮用水卫生标准》）的水源为原料，再经过纯净化加工、添加矿物质、杀菌处理后灌装而成。制作工艺常有直接购买食品级的矿物添加剂，按比例混合好后，加入纯净水中制成。

（三）科学泡茶择水原则

1. 遵循"清活轻甘冽"原则

（1）活　流动不腐，含气体——助茶汤鲜爽。

（2）清　清澈、透明、无色无沉淀——显示茶本色。

（3）轻　比重轻，矿物质含量较低——对茶汤影响较小。

（4）甘　水入口后口腔有甘甜感——增茶味。

（5）冽　水温冽，地层深处，污染少——茶味醇正。

富含CO_2和O_2等气体的水冲泡的茶汤滋味更鲜爽，香气更纯正；水质存在热敏性，多次沸腾水冲泡的茶汤风味品质下降。通常当地人在冲泡当地茶最好用当地水，如西湖龙井用虎跑泉水，"蒙顶山上茶，扬子江中水"。

2. 遵循"三低"指标原则

（1）低矿化度　低矿化度指低矿质离子总量（总溶解固体TDS<50mg/L），一般对茶汤苦味、涩味、鲜味等滋味特征和香浓度、纯正度等香气特征有一定的正面影响，而对高矿质离子总量一般有负面影响，因此高矿化度天然泉水或天然矿泉水一般不宜使用。

（2）低硬度　低硬度指水中Ca^{2+}、Mg^{2+}等硬度相关离子，对茶汤的影响阈值明显小于K^+、Na^+等非硬度离子，其影响力显著较大。

（3）低碱度　低碱度主要体现在对滋味的影响，茶汤苦味随pH的增加呈下降趋势，涩味呈增加趋势，鲜爽味呈现下降趋势，pH>6.5滋味变化明显，出现熟闷味。对香气影响，pH>7.0后香气劣变明显，变得熟闷、欠纯，并出现水闷味。

3. 选择泡茶瓶装水原则

包装水的取水地，尽量选用地域较为清洁、无污染的优质水源地；采用低矿化度、低硬度和中性或微酸的包装饮用水。品质由高到低排序，通常：天然泉水＞天然水＞纯净水＞蒸馏水＞矿物质水＞自来水＞矿泉水。喜欢茶的自然风味，可选用纯净水、蒸馏水等类型水；喜欢茶的浓郁香气和醇厚滋味，可选用低矿化度的天然（泉）水冲泡。如清香型绿茶一般可选用纯净水、蒸馏水等类型水，更能体现茶的清雅、清爽风格；而栗香型绿茶一般可选用"三低"的天然（泉）水，以增强茶汤栗香香气的浓郁度。

三、泡茶方法与科学饮茶

（一）影响泡茶质量的因素

一杯好茶汤构成的因素，通常有五个方面，即茶叶、泡茶用水、泡茶用具、泡茶之人，另有一个品茶的人。茶、水、具前面已经介绍，关键是泡茶人的技法和饮茶需要科学得法。技法中影响茶汤质量的基本是泡茶水温、泡茶时间、茶水比例、泡茶次数及沥泡注水和出汤手法。影响茶汤质量最主要的三个因素是泡茶水温、泡茶时间和茶水比例。

1. 泡茶的水温

一般来说，泡茶水温与茶叶中有效物质在水中的溶解度成正比，水温越高，溶解度越大，茶汤越浓；反之，水温越低，茶汤就越淡。但有两点需要说明，无论用什么温度的水泡茶，都应将水烧开之后（蒸馏水除外），再冷却至所要求的温度。冲泡茶叶的水温对茶汤的成色有极大的影响。按照水温可以分为三种方式即高温泡茶（95~100℃）、中温泡茶（85~95℃）、低温泡茶（低于85℃）。

各种茶类沥泡水温不同（表4-1），高温泡茶主要适合普洱茶、老白茶和色泽较黑、较暗，发酵较重的乌龙茶，高水温能够有助提升该类茶的茶汤质量；中温泡茶主要适合红茶、黄茶和发酵轻度的乌龙茶，当然冲泡时间适当缩短也适宜一般名优茶，不用担心高温破坏茶叶营养成分，毕竟在泡一道茶的时间内营养成分破坏不大（表4-2）；低温泡茶主要适合原料较嫩名优春茶，尤其是茶多酚含量不高、氨基酸含量较高的名优茶。

表4-1　各种茶类沥泡水温比较

茶类	水温（建议值）/℃
安吉白茶、太平猴魁	80~85
一般名优茶	85~90
黄茶	85~95
花茶、红茶	95
老白茶、普洱茶	100
轻发酵乌龙茶	90~95
重发酵乌龙茶	95~100

注：温度升高5℃，泡茶时间适当减少。

表4-2 不同水温对茶叶维生素C泡出量的影响

处理项目	一杯茶汤中维生素C含量/毫克	每克茶叶中维生素C含量/毫克	浸出比率/%
全量法测定		5.25	100
100℃热水	12.66	4.83	92.0
90℃热水	12.13	4.63	88.2
80℃热水	12.25	4.68	89.1
70℃热水	11.43	4.35	82.9
60℃热水	11.06	4.22	80.4

（表左侧标注：5分钟杯泡法）

2. 泡茶的时间

茶叶汤色的深浅明暗和汤味的浓淡爽涩，与茶叶中水浸出物的数量特别是主要呈味物质的泡出量和泡出率有密切关系。绿茶主要呈味成分的泡出量是头泡最多，而后的各泡次直线剧降，各种成分的浸出速度有快有慢。如呈鲜甜味的氨基酸和呈苦味的咖啡因最易浸出，呈涩味的儿茶素浸出较慢，其中滋味醇和的游离型儿茶素与收敛性较强的酯型儿茶素两者浸出速度也有差别，以游离型儿茶素的浸出速度较快。

冲泡时间不同，茶汤中主要成分的溶解量不同冲泡时间不足，汤色浅，滋味淡，红茶汤色缺乏明亮度，因茶黄素的浸出速度慢于茶红素。冲泡超时，汤色深，涩味的酯型儿茶素浸出量多，味感差。尤其是泡水温度高，冲泡时间长，自动氧化缩聚的加强，导致绿茶汤色变黄，红茶汤色发暗。通过实践品饮判断，在150毫升茶汤中，多酚类含量少于多少量则味淡，多则浓，过多又变涩，从而确定冲泡茶的时间。而多酚类与咖啡因在浸出含量比率，以3∶1为宜。

3. 茶水比例

茶叶冲泡时，茶质量与用水的体积比称为茶水比例。茶水比例不同，茶汤香气的高低和滋味浓淡各异。为了使茶叶的色、香、味充分地冲泡出来，使茶叶的营养成分尽量地被饮茶者利用，其中应注意茶水比例。据研究，茶水比例为1∶7、1∶18、1∶35和1∶70时，水浸出物分别为干茶的23%、28%、31%和34%，说明在水温和冲泡时间一定的前提下，茶水比例越小，水浸出物的绝对量就越大。另一方面，茶水比例过小，茶叶内含物被溶出茶汤的量虽然较大，但由于用水量大，茶汤浓度却显得很低，茶味淡，香气薄。相反，茶水比例过大，由于用水量少，茶汤浓度过高，滋味苦涩，而且不能充分利用茶叶的有效成分。

一般来说，茶水的比例随茶叶的种类及嗜茶者情况等有所不同。嫩茶、高档茶用量可少一点，粗茶应多放一点，乌龙茶、普洱茶等的用量也应多一点。对嗜茶者，一般红茶、绿茶的茶水比例为1∶50至1∶80，即茶叶若放3克，水应冲150～240毫升；对于一般饮茶的人，茶水比例可为1∶80至1∶100。喝乌龙茶者，茶叶用量应增加，茶水比例以1∶30为宜。家庭中常用的玻璃杯，每杯可投放茶2克，冲开水150毫升。不同茶类、不同泡法，由于香味成分含量及其溶出比例及饮茶习惯不同，对香、味要求各异，对茶水比例要求也不同。

（二）茶叶品鉴与沏泡技法

1. 茶叶品鉴

茶叶质量品鉴过程中，外形紧结度好、锋毫显、身骨重的嫩度好；外形色泽油润有光泽嫩度较好；汤色以明亮度好、清澈度高的为佳；香气以细腻优雅、馥郁、鲜爽、持久为好品质；滋味要求口感丰富度饱满度好（醇度）、润滑度好（甘鲜度）、汤香融合度好、协调性、平衡度好为宜；叶底评判嫩度、匀度、色泽，以嫩度高，匀齐度好，色泽明亮为佳。

茶汤香气的嫩鲜度、细腻度、丰富度是香气品鉴的重点；嫩度是茶叶等级高低最重要因子，等级越高嫩度越嫩，嫩鲜度和粗气的强弱判别是香气排序关键点。茶汤滋味品鉴重点是醇度、稠厚度、甘鲜度、细润度；以嫩度在滋味中最清晰的"润滑醇鲜"呈现为切口，滋味的醇鲜甘润和糙、粗的强弱是滋味排序的关键点。

2. 杯泡三投法

明代张源《茶录》提出："投茶有序，毋失其宜。先茶后汤，曰下投。汤半下茶，复以汤满，曰中投。先汤后茶，曰上投。春秋中投，夏上投，冬下投。"现在的投茶三种方法是指玻璃杯泡绿茶时按照茶的老嫩程度及外形特征，采用上投法、中投法、下投法投茶入杯的方法。

上投法，茶形细嫩，全是芽头或满身披毫的绿茶适合用于此法投放茶叶，如信阳毛尖、碧螺春等。具体方法是，先在杯中注入七八分满85℃左右的热水，然后再投放茶叶。

中投法，茶形紧结，扁形或嫩度为一芽一叶或一芽二叶的绿茶，适宜采用此法投放茶叶，如西湖龙井、安吉白茶等。具体方法是，先在杯中注入三分适宜温度的水，然后投茶，轻轻摇转杯中茶，促使茶叶被水浸润，然后再注水至七八分满。

下投法，茶形较松及嫩度较低的绿茶，适宜用此法投放茶叶，如太平猴魁、六安瓜片等。具体方法是，先在杯中投入适量的茶叶，然后沿杯壁注入适宜温度的水至七八分满。

3. 醒茶和温润泡茶

明代钱椿年《茶谱·煎茶四要》记载："凡烹茶先以热汤洗茶叶，去其污垢、冷气，烹之则美。"这是最早有文字记载在沏茶过程中对茶叶进行醒茶和温润泡目的的阐述的文献。不管阐述的是否正确，但是表明自古茶客就有在泡茶前进行处理的饮茶技法和习惯，往常称之为洗茶，容易引起歧义，因此现将其定名为醒茶和温润泡。醒茶和温润泡茶主要目的是两个，一个是茶饮时的一道礼仪的程序，是中国饮食文化和文明礼仪的一个体现；另一个是为更好地品味茶叶的香气和滋味，以唤醒茶质，便于茶叶的舒展和茶汁的浸出而提升泡茶质量。

通常刚加工完的茶叶火气较大，最好将茶叶储存一段时间后再饮用品质较好。储存一段时间后，火气虽褪，却添冷气。通常来说，像铁观音、绿茶做出来之后放入冷藏，或者是存放在干冷的瓮中，就是冷气的来源之说。在冲泡这类茶时，先用沸水激活茶叶，去除冷气，好似让茶性苏醒一样，故而称之为"醒茶"。除了用沸水醒茶之外，普洱茶还有另一种醒茶方式。生普的醒茶，是指干仓存放了一段时间的茶取出来之后，在喝之前，先放在一个紫砂罐里存放一段时间（如3～5天），道理类似给红酒醒酒一样；其次熟普醒茶目的是去除堆味，特别是年份在3年内的，渥堆气比较重，醒茶时建议将茶饼撬开后包着棉纸放在纸盒中醒茶。用热水醒茶被称为"湿醒"，放在空气中让茶叶透气则被称为"干醒"。

温润泡茶更适用于一些外形比较紧结的茶叶，操作过程中润出物少，损耗茶的内含物质，对茶汤品质影响不大。如砖茶、饼茶、沱茶等，在温润泡茶时，稍微让茶块泡一会，让茶稍微解块，在真正冲泡时快速出味；对这类紧压茶温润泡时，为了获得更好的茶汤品质，建议快速温润2次左右，茶叶压得越紧，温润时间稍久，以茶汤透亮为准。在沏茶操作中，温润泡的手法就是将茶叶投入壶、公道杯或盖碗中后，将沸水倒入壶中刚好没过茶叶的表面，然后用手握壶轻摇壶身，根据茶特点决定温润时间快慢，再将润茶水倒出。温润泡可说是第一泡茶的"热身运动"，对于原料比较细嫩、茶内含物容易浸出的茶，如绿茶、白茶、黄茶、红茶等，温润泡的茶汤可以直接饮用，不要倒掉。

（三）科学饮茶

1. 茶类品性

李时珍《本草纲目》中记载："茶，味苦，甘，微寒，无毒，归经，入心、肝、脾、肺、肾脏。阴中之阳，可升可降。"六大茶类茶叶本身有寒凉和温和之分（表4-3）。绿茶属不发酵茶，富含叶绿素、维生素C，性凉而微寒。白茶微发酵茶，性凉（白茶温凉平缓），但"绿茶的陈茶是草，白茶的陈茶是宝"，陈放的白茶有祛邪扶正的功效。黄茶属部分发酵茶，性寒凉。青茶（乌龙茶）属于半发酵茶，性平，不寒也不热，属中性茶。红茶属全发酵茶，性温。黑茶属于后发酵茶，茶性温和，滋味醇厚回甘，刺激性不强。

表4-3　茶类品性

极凉	凉性					中性	温性		
苦丁茶	绿茶	黄茶	白茶	新普洱生茶	轻发酵乌龙茶	中发酵乌龙茶	重发酵乌龙茶	黑茶	红茶

2. 人体体质与饮茶

（1）人体体质分类　体质是指人体生命过程中，在先天禀赋和后天获得的基础上所形成的形态结构、生理功能和心理状态方面的综合的、相对稳定的固有特质。《中医体质分类与判定》中介绍，人体共有九种类型的体质即平和质、气虚质、阳虚质、特禀质、阴虚质、血瘀质、痰湿质、湿热质、气郁质。

①平和质总体特征：阴阳气血调和，以体态适中、面色红润、精力充沛、不爱得病，吃得好、睡得好、心情好等为主要特征。

②气虚质总体特征：元气不足，以疲乏、气短、自汗等气虚表现为主要特征。

③阳虚质总体特征：阳气不足，以畏寒怕冷、手足不温等虚寒表现为主要特征。

④阴虚质总体特征：阴液亏少，以口燥咽干、手足心热等虚热表现为主要特征。

⑤痰湿质总体特征：痰湿凝聚，以形体肥胖、腹部肥满、口黏苔腻等痰湿表现为主要特征。

⑥湿热质总体特征：湿热内蕴，以面垢油光、口苦、苔黄腻等湿热表现为主要特征。

⑦血瘀质总体特征：血行不畅，以肤色晦暗、舌质紫暗等血瘀表现为主要特征。

⑧气郁质总体特征：气机郁滞，以神情抑郁、忧虑脆弱等气郁表现为主要特征。

⑨特禀质总体特征：先天失常，以生理缺陷、过敏反应等为主要特征。

（2）不同体质者饮茶推荐　燥热体质的人，应喝凉性茶；虚寒体质者，应喝温性茶。人的身体状况则是动态变化的，抽烟、喝酒、熬夜等会影响人的体质。不良生活习惯，从而导致体质的多样化。不同体质人喝茶选择建议如下。

①平和质，各种茶类均可，比如到了春季喝绿茶；夏季喝白茶、绿茶；秋季喝乌龙茶；冬季喝红茶、普洱熟茶、陈年普洱生茶。

②气虚质，适宜喝普洱熟茶、乌龙茶、富含氨基酸（如安吉白茶）、低咖啡茶；不喝或少喝未发酵和轻发酵的茶。

③阳虚质，适宜喝红茶、黑茶、重发酵乌龙茶（如大红袍），少饮绿茶、黄茶、不饮苦丁茶，忌喝寒凉性的茶，多喝暖胃茶，像陈年茯砖、千两茶及调饮生姜红茶等。

④阴虚质，适宜多饮绿茶、黄茶、白茶、苦丁茶，轻发酵乌龙茶，慎喝红茶、黑茶、重发酵乌龙茶，可清饮清爽类茶如平阳黄汤、径山茶，也可调饮如银耳茶、桑葚茶和枸杞茶等。

⑤痰湿质，适宜多饮各类茶，推荐茶多酚片，橘皮茶，喝岩茶时一定要退火后放置一段时间再饮用，喝火工香高的茶不宜多饮。

⑥湿热质，适宜多饮绿茶、黄茶、白茶、苦丁茶，轻发酵乌龙茶，可饮甘平清热类茶如清饮清香型铁观音、白毫银针，调饮柠檬茶、薏仁茶等。慎饮红茶、黑茶、重发酵乌龙茶。

⑦气郁质，适宜饮富含氨基酸如安吉白茶、低咖啡因茶，可喝茉莉花茶、桂花乌龙和凤凰单丛等气味芬芳茶，也可喝像枸杞茶、陈皮普洱茶等有益顺气的花草茶；尽量不要睡前喝茶。

⑧血瘀质，适宜多喝各类茶，可适当浓些；可多喝点清爽类茶如太平猴魁、黄山毛峰；也可饮非茶类茶如山楂茶、柠檬茶、玫瑰花茶、红糖茶等。

由于人的体质属性既具有动态变化性，又具有倾向兼顾性，因此自身适应喝什么茶在参考上述建议时，还需要实践检验，合适、健康才是最重要的。每种茶类，无论你是什么体质，小尝一下，偶尔喝喝都是没关系的。在饮茶方面，有的人要讲究一些，偏嗜于某种茶，这样在长期的饮茶习惯影响下，体质也会发生变化。

3. 每日饮茶建议

对于中国人来说，喝茶养生是流传了几千年的传统。近年来，关于茶叶的健康功效研究得也越来越多……似乎人们生活中所有的健康隐患，都可以靠一杯茶来化解。但是什么时候喝茶好？对照《黄帝内经》可以看到，喝茶是有时间规律的，不同时间点喝茶，保健作用不同。

（1）清晨空腹　空腹时应白开水后饮淡茶水。因为经过一昼夜的新陈代谢，人体消耗大量的水分，血液的浓度大。早起后不宜直接饮茶水，最好先喝一杯白水；之后再饮淡茶水（红茶较好），对健康有利，饮淡茶水是为了防止损伤胃黏膜。

（2）早餐之后　早餐后提神醒脑，精力充沛，抗辐射，上班族最适宜。

（3）午餐之后　若不午休，中午时分会肝火旺盛，适宜喝清香型乌龙茶，消食去腻、清新口气、提神醒脑，以便继续全情投入工作。

（4）午后三时　午后宜喝红茶，调理脾胃、预防感冒，如若腹空可以补充一点零食，此时喝茶是一天中比较最重要的时刻。

（5）晚餐之后　该时刻为人体免疫系统最活跃的时间，适宜喝黑茶，有助于分解积聚的脂肪，既暖胃又助消化，还有助舒缓神经、放松身体，便于入睡；神经衰弱人群，可选择喝少量半发酵中性茶。

喝得舒服最重要。尽管饮茶具有多种保健作用，但茶不是药，只需把它当作一种健康、天然的饮品，通过将饮茶或品茶融入日常生活而获得身体上的健康、情操上的陶冶和精神上的愉悦。

第三节　茶艺传承与发展

一、何谓茶艺

（一）茶艺内涵

《汉语大字典》中说："文者，文治。化者，教化也。"文化是一种生活方式，可能更多在于行，而不再于言。茶艺首先是一种科学沏泡茶的技术，其次是在沏泡茶过程中融入诸多审美元素的艺术，除此之外，茶艺还应是一种承载沏泡茶者身心修为的窗口和一种传播地方民俗域情的独特文化载体。因此，茶类五彩缤纷，民族风情各异，唯有不拘一格推陈出新，方可海纳百川，使茶艺百花齐放，若一味地追求固定模式、正宗流派、千面一孔，本身就是一种典型的"伪茶艺"幼稚病表现，只能自毁前程，带来茶艺发展的枯竭。

茶艺的功能作用主要有四点：一是传承和传播民族传统文化及茶文化；二是践行科学沏茶和健康饮茶技法；三是悟道修身和立德树人的载体；四是促进茶产业有序发展的媒介。

（二）茶艺文化基因

文化基因作用于一个人，使这个人变得"有文化"；文化基因作用于一个民族，使这个民族拥有自己的精神家园；文化基因作用于一个国家，使这个国家逐步走向文明与强盛。所谓文化基因，就是决定文化系统传承与变化的基本因子或要素。即文化基因就是"可以被复制的鲜活的文化传统和可能复活的传统文化的思想因子。"茶艺文化基因包括价值基因与和思维基因，其中价值基因就是"养气、养心、达礼、求美"。养气是养三气，即道家大气、佛家静气、儒家正气；养心是养三心，即养感恩之心、敬畏之心、本真之心；达礼是达三礼，即懂礼貌、有礼仪、晓礼智；求美是求三美，即追求身体康美、生活恬美、人生福美。和思维基因就是一种以"天人合一、和而不同"精神为要旨的思维。

茶艺的思维基因与价值基因，构成了茶艺文化基因的"双螺旋"结构。二者相互影响、相互渗透。茶艺价值基因，强调养气与养心，和思维基因就表现出和而不同处世哲学；价值基因突出达礼与求美，和思维基因便呈现出天人合一的人生境界。反过来，和思维的"天人合一、和而不同"进一步强化了茶艺价值观的"养气、养心、达礼、求美"的取向。

养气。养气是中国人重要的修养能力。跟道家学大气，跟佛家学静气，跟儒家学正气；养好这三气，静可守一心之妙，动可达天地之奥，行可成中正之道，乃成大人。跟道家学大气，道家的特质，就是"大"，眼界大，气象更大；以大道为心，以自然为意，以日月为双眼，以天地为视野。跟佛家学静气，静对立面是乱，乱的根由是欲；佛家能入静，就是因为能够无欲；眼中有尘三界窄，心头无事一床宽。跟儒家学正气，正气于人，便是光明正大、刚正不屈之气；养气，先要立志；立什么样的志，就会养什么样的气；要养浩然之气，必靠浩然之志。呼吁大家要像爱护自己心灵一样去传承与创新茶艺。

养心。俗话说"欲修身，先养心"，一养感恩之心、二养敬畏之心、三养本真之心。感恩是积极向上的思考与谦卑的态度，不是简单的报恩，而是一种处世哲学和生活智慧，更是一种责任、自立、自尊和追求阳光人生的境界。人活着不能随心所欲，而要心有所惧。怀有敬畏之心，可使人懂得自警与自省，规范和约束自己的言行举止；敬畏是自律的开端，也是行为的界限。何谓本真？本源、真相、正道、准则、纯洁真诚、天性本性，自然天成；交友，以诚相待；处事，纯心做人；追随自我本真，做一个有理想、会自由、懂自信的真茶人。

达礼。俗话说"知书达礼"，一懂礼貌、二有礼仪、三晓礼智。道之以德，齐之以礼；中国传统文化认为，礼是人与动物相区别的标志；作为个体修养涵养，谓"礼貌"，懂礼貌是从幼儿园开始就要求养成的行为规范。"凡人之所以为人者，礼仪也。""礼"是制度、规则和一种社会意识观念；"仪"是"礼"的具体表现形式，是依据"礼"的规定和内容，形成的一套系统而完整的程序。礼智在中国传统美德中非常重要，"礼"是说人应该有辞让之感，"智"是开发心智、明辨是非，智的开发就是学习的过程。表面上礼有无数的清规戒律，根本目的在于使我们的社会成为一个充满生活乐趣的地方，使人变得平易近人。

求美。老子说"天下皆知美之为美，斯恶已。"一求身体康美，二求生活恬美，三求人生福美。所谓康美，不仅是躯体健康，同时还应呈现心理健康、道德美好；身体康美是生活恬美的基础，是拥有福美人生的坚石。人既可以"柴米油盐酱醋茶"，也可以"琴棋书画诗酒茶"；茶艺骨子中就潜伏一种"采菊东篱下，悠然见南山"的闲情，同样珍藏一股"世界那么大，我想去看看"的激情。茶艺是一种培养"兴（有情怀）、观（辨是非）、群（敢担当）、怨（勤思考）"四有爱茶新人的教育；茶艺既可以使人具备"面对大海，春暖花开"的人生境界，也会让爱茶人拥有"您养我长大，我陪您到老"人生福祉。

"和思维"就是一种以"天人合一、和而不同"精神为要旨的综合思维。天人合一的宇宙观、协和万邦的国际观、和而不同的社会观、人心和善的道德观就是茶艺发展茶和天下的人类贡献。"君子和而不同，小人同而不和。"和而不同，和睦地相处，但不随便附和。在中国古代，"和而不同"也是处理不同学术思想派别、不同文化之间关系的重要原则。将学术之争演变为利益之争是令人不齿的行径。茶艺的门户之见不利于茶艺发展，异化的根源就在一个"利"字，这是将茶艺文化基因之"和思维"基因的"转基因"变态化。"君子与君子以同道为朋，小人与小人以同利为朋。""和"是一种有差别的、多样性统一，有别于"同"。

二、茶艺创造转化

对中华优秀传统文化的创造性转化，就是要"使中华民族最基本的文化基因与当代文化相适应、与现代社会相协调，以人们喜闻乐见、具有广泛参与性的方式推广开来"。要对中华优秀传统文化资源进行系统梳理、重新包装，让收藏在禁宫里的文物、陈列在广阔大地上的遗产、书写在古籍里的文字都活起来，用符合时代需要的形式对其做出新的阐释，达到经世致用、学以致用的目的。这个要求无疑为茶艺师指明了"历史使命和社会责任"，找到了自己的使命，扛起来自己的责任。首先要传承科学沏泡茶的技艺规范；其次要传承融入沏泡茶过程中的"养气、养心、达礼、求美"的文化基因与"和"思维基因；最终目标是要让传承沏泡茶技艺规范和茶艺文化基因成为一种行为习惯。

今后要加强中华茶艺和茶文化研究阐释工作，深入研究阐释其历史渊源、发展脉络、基本走向，深刻阐明丰富多彩的茶艺和茶文化是中华文化的基本构成；按照一体化、分学段、有序推进的原则，把中华茶艺和茶文化全方位融入思想道德教育、文化知识教育、社会实践教育，贯穿于基础教育、职业教育、高等教育、继续教育；从中华优秀茶文化资源宝库中提炼题材、获取灵感、汲取养分，将有益思想、艺术价值与时代特点和要求相结合，运用丰富多样的形式进行创作，推出一大批底蕴深厚、涵育人心的优秀茶艺文化作品。

三、茶艺创新发展

对中华优秀传统文化的创新性发展，就是要把"跨越时空、超越国度、富有永恒魅力、具有当代价值的文化精神弘扬起来，把继承优秀传统文化又弘扬时代精神、立足本国又面向世界的当代中国文化创新成果传播出去"。不忘本来方可开辟未来，善于继承才能勇于创新，文化自觉方能文化自信。对历史文化特别是先人传承下来的价值理念和道德规范，要坚持古为今用、推陈出新，有鉴别地加以对待，有扬弃地予以继承，努力用中华民族创造的一切精神财富来以文化人、以文育人。没有文明的继承和发展，没有文化的弘扬和繁荣，就没有中国茶之梦的实现。

综合运用新媒体传播工程，研究承接传统茶艺习俗、茶艺礼仪、服装服饰规范，大力彰显中华茶艺文化魅力。加强"一带一路"沿线国家茶艺文化交流合作，培养造就一批人民喜爱、有国际影响的中华茶艺文化代表人物。将茶艺更多融入生产生活，更好地促进茶产业健康发展。用茶艺文化的精髓涵养企业精神，培育现代企业文化。促进茶艺文化旅游，带动茶文化创意产业发展。一是对于创新茶艺中不太适合时代发展需要的东西，需要革故鼎新、与时俱进；二是发展创新茶艺中原先就缺乏的东西，需要丰富内容、引领未来；三是更重要的，创新一种茶艺传承、传播形式，需要以一种人们喜闻乐见的方式让人们接受茶艺并喜欢上茶，逐步实现茶艺文化自觉和茶艺文化自信。

第五章
中国茶的承载基座

第一节　中国茶教育与茶科技

一、中国茶教育发展历程

我国近代茶业教育始于19世纪末至20世纪初的清末，清政府根据茶叶外销需要在南方各茶区开设了学制1~2年的茶业讲习所。1899年，湖北省正式开办农务学堂，并设置"茶务"一课，这是中国近代史上设置茶业课程的最早记载。清末民初，全国已经有茶业讲习所出现，如1910年四川灌县开办的省茶务讲习所，是我国茶学历史上第一所专门学校。1915年湖南茶业讲习所、1918年安徽休宁茶务讲习所、1920年的云南茶务讲习所，各地陆续举办过一些茶务训练班或讲习所。

20世纪30年代开始，由于茶叶生产需要，各地举办初级茶专业或职业学校。1934年福建设立"福安县立初级职业学校"开设茶叶班。1940年江西创办婺源茶业职业学校。1942年贵州省立湄潭实用职业学校开设茶叶科等。茶学高等教育的创立则以1939年冬至1940年初，吴南轩、孙寒冰（1903—1940）、吴觉农等在复旦大学（重庆）创办茶叶组（本科）和两年制茶叶专修科为标志，这是我国在高等学校中独立设置的第一个茶叶专业系科。

（一）奠基时期（1949—1977）

中华人民共和国成立后，茶学专业的高等教育复苏。1949年，上海复旦大学茶业专修科扩大招生，招收新生33人；1950年，武汉大学农学院创办两年制的茶叶专修科，招收学生54人；1951年，西南贸易专科学校茶叶专修科招生。1952年，全国高等学校院系调整，上海复旦大学农学茶叶专修科并入在安徽芜湖的安徽大学农学院；1954年2月安徽农学院独立建院，并于同年7月迁至合肥。1956年建制为四年制的茶叶系，1964年开始招研究生（非茶学硕士学位）。1952年，西南贸易专科学校茶叶专修科并入西南农学院园艺系，学制2年，1977年招收本科生。1952年，浙江农学院新设茶叶专修科，学制2年。1954年，华中农学院茶叶专修科调整并入浙江农学院，1956年改为四年制茶叶本科。20世纪60年代初招研究生和外国留学生。1960年曾与中茶所合并，1966年2月，系所分开。1956年，湖南农学院农学专业茶作组发展成立茶叶专业，学制4年，1978年开始招研究生。1931年，中山大学农学院（华南农业大学前身）农学系农艺门创设茶蔗部，开设茶作课；1972年正式筹建为茶叶专业，1977年开始招生。1972年，云南农业大学筹建茶叶专业，1973年招生，3年制。1972年，福建农科院建立果茶专业，1975年成立2年制茶叶专修科，1976年招生3年制专科班，1978年改为4年制本科。1976年，四川农业大学茶叶专业创建，同年招收2年制茶专科班，1977年改为4年制本科，隶属园艺系。1977年，农业部组织茶学全国通用教材编写。

此外，浙江供销学校1974年设置茶叶专业，宜昌市农校1974年设有果茶专业，咸宁农校1975年设茶叶专业。据不完全统计，这一时期的茶学中等教育学校至少在30所以上，遍布主要产茶区。本时期中高等茶学教育的成绩显著，为国家培养了一大批热爱专业、不惧艰苦，理论联系实际的茶叶专业人才，为我国茶产业的发展，做出了历史性的重大贡献。

（二）振兴时期（1978—1998）

1977年高考制度恢复。随着1980年国务院颁布《中华人民共和国学位条例》，全国正式实施"学位"授予制度。1981年，浙江农业大学、安徽农学院、湖南农学院3所高校的茶学系首次被批准为具有硕士学位授予单位。开始了正规的茶学研究生教育。

1986年，浙江农业大学成为首个茶学博士授予权单位。20世纪90年代末，全国茶学学科博士授权点有三所：浙江农业大学、安徽农业大学、湖南农业大学。硕士授权点8所高校；学士学位授权单位9所，1987年5月19日，全国农业高等院校教学指导委员会茶学学科组正式成立（首届组长为安徽农业大学王镇恒教授）。

硕士学位授予权单位8个，分别为浙江农业大学、安徽农业大学、湖南农业大学、西南农业大学、华南农业大学、四川农业大学、福建农学院和云南农业大学。至此，标志着我国已建成培养学士、硕士与博士等高级茶学人才的完整教育体系。

这一时期设有茶叶专业的中等学校和中等职业学校也得到快速发展，至20世纪90年代达到12所，分别为杭州农校、婺源茶校、屯溪茶校、宜宾农校、宁德农校、句容农校、安顺农校、安康茶校、豫南农校（河南）、常德农校（湖南）、恩施农校和襄阳农校（湖北）。据不完全统计，这一时期的茶学中等教育学校至少在30所以上，遍布主要产茶区。它们是中国茶学教育的重要组成部分。

1987年，全国农业高等院校教学指导委员会茶学学科组成立，为茶学高等教育的规范化发展提供平台。期间，茶学专业因以单独作物而成立的专业，分别在1985年和1997年经历了两次要被撤销的危机，经过茶学界共同努力，最终得以保留并蓬勃发展至今。

（三）大发展时期（1999—至今）

随着1998年《中华人民共和国高等教育法》和2002年《中华人民共和国民办教育促进法》的先后实施，全国高等教育的体质改革力度空前，开始从精英化教育迈向大众化教育阶段，从大众化教育进入普及化教育阶段。随着高等教育快速发展，茶学高等教育进入全面发展期。同以前侧重以茶科技为主的自然科学教育相比，21世纪的茶学高等教育，茶文化艺术等人文社会科学教育得到迅速发展，茶的自然科学与人文社会科学教育齐头并进。在本科层次的茶学专业中，普遍开设茶艺课程，部分高校还设有茶艺或茶文化专业方向。在中高等职业教育中，设有茶艺专业。茶艺与茶文化教育方兴未艾，既有学历教育也有非学历教育。

二、中国茶教研院所和协会学会

（一）国家级涉茶教研院所

1. 中国农业科学院茶叶研究所

中国农业科学院茶叶研究所是我国唯一的国家级综合性茶叶科研机构，位于浙江省杭州市西湖风景区。1956年经国务院科技规划委批准筹建，1958年9月1日挂牌成立。2001年6月加挂"浙江省茶叶研究院"牌子。研究所主要从事茶叶基础和应用基础科学、科技产业开发、茶叶质量安全检测、产业经济、有机茶认证、茶业职业技能培训、学术期刊编辑等领域的研究和服务工作，同时广泛开展国内外合作交流和高层次人才培养等工作。

2. 中华全国供销合作总社杭州茶叶研究院

中华全国供销合作总社杭州茶叶研究院于1978年经国务院批准成立，是直属于中华全国供销合作总社的国家级科研院所。由于国务院机构改革和隶属关系的调整，单位先后更名为"中华全国供销合作总社杭州茶叶、蚕茧加工科研所""商业部杭州茶叶加工研究所""国内贸易部杭州茶叶研究所""中华全国供销合作总社杭州茶叶研究所"，2000年3月正式更名为"中华全国供销合作总社杭州茶叶研究院"。

该研究院是集茶叶科学研究、质量监督检验、职业技能培训鉴定、技术信息服务和开发生产经营为一体的综合性研究机构，是ISO国际茶叶标准化技术委员会在中国的唯一技术归口单位。目前主要机构有科技创新中心、国家茶叶质量监督检验中心、浙江省茶资源跨界重点实验室、全国茶叶标准化技术委员会秘书处、职业技能培训与信息中心、产业中心等。

3. 中国茶叶博物馆

中国茶叶博物馆坐落于杭州西子湖畔、龙井茶乡，是我国唯一以茶和茶文化为主题的国家级专题博物馆。1990年10月起开放，是国家旅游局、浙江省、杭州市共同兴建的国家级专业博物馆。在文化遗产保护事业的改革与发展中做出了突出贡献。双峰馆区占地约4.7公顷，于1991年4月正式对外开放；龙井馆区占地7.7公顷，于2015年5月建成开放，两馆建筑面积约1.3万平方米，拥有茶文物、藏品5000余件（套），常设《中华茶文化展》《"世界茶茶世界"展》《紫砂文化展》《西湖龙井茶专题展》《中国茶业品牌文化展》基本陈列，带头倡建"全国茶博物馆联盟"，积极探索实践"茶＋N"深度体验，致力于打造中国茶文化标杆，向世界展示中国茶的美好。

（二）国家级涉茶协会学会

1. 中国茶叶学会

中国茶叶学会成立于1964年，在中国科协的领导下和中国农业科学院茶叶研究所的支撑下，由我国茶叶科技、教学、推广、生产、经贸、文化等领域的精英人才联合组成的国家一级学术性社会团体。

2. 中国茶叶流通协会

中国茶叶流通协会成立于1992年，是由茶叶行业生产、加工、经营、管理、科研、教学等领域的企业、事业单位、社会团体及个人联合组成的跨地区、跨部门、跨所有制的全国性社团组织，接受中华全国供销合作总社与民政部的业务指导和监督管理，属国家4A级行业协会。主要服务有信息服务、经贸服务、政策服务、培训服务、国际合作。

3．中国国际茶文化研究会

中国国际茶文化研究会是由农业农村部主管，经向民政部登记的全国性茶文化研究团体，是受国家法律保护的社会团体法人。中国国际家茶文化研究会是在1990年杭州召开的第一届国际茶文化研究会上，由海内外茶学、茶文化和茶业经济界人士首先发起，并于1993年11月由农业部正式批准成立。中国国际茶文化研究会，吸收具有一定学术地位和社会影响的团体、茶文化和茶叶界以及社会相关人士为团体会员和个人会员，并聘请海外著名人士担任荣誉职务。

4．全国茶叶标准化技术委员会

全国茶叶标准化技术委员会（SAC/TC339）由国家标准化管理委员会批准成立（2008年3月），主管部门为中华全国供销合作总社，是归口管理全国茶叶标准化和国际茶叶标准化工作的技术组织。秘书处承担单位为中华全国供销合作总社杭州茶叶研究院。

（三）全国涉茶类期刊

1．《茶叶科学》

《茶叶科学》于1964年8月经中宣部批准创刊，刊名系朱德委员长题字，1966年停刊，经1984年8月复刊《茶叶科学》由中国科学技术协会主管，中国茶叶学会主办，中国农业科学院茶叶研究所出版。

2．《茶叶通讯》

《茶叶通讯》创刊于1962年，是由湖南省农业科学院主管、湖南省茶叶学会主办的茶叶科技类学术期刊。《茶叶通讯》主要栏目有论文综述、试验研究、总结思考、茶史文化、信息动态等。

3．《农业考古》

《农业考古》创办于1981年，是由江西省社会科学院主管、主办专门发表有关农业考古学研究成果的学术刊物。《农业考古》主要栏目有农史研究和农业现代化、农业的起源、稻作起源研究、农业考古发现与研究、农业历史研究、农业文明研究、农业工具、农业水利、林业、园艺、茶叶、渔业、畜牧兽医、古农书、古农学家、农业与饮食、农业与医学、少数民族农业、三农问题研究，以及资料索引、农史动态等。

4．《中国茶叶》

《中国茶叶》创刊于1972年，月刊，曾用名《茶叶科技简报》，是由农业农村部主管、中国农业科学院茶叶研究所主办的轻工业手工业类期刊。《中国茶叶》设有政策法规、专题综述、产业论坛、经济管理、质量安全、试验研究、技术指南、基层园地、历史文化、文献摘要等栏目。《中国茶叶》阅读对象为广大茶叶干部、技术推广人员、茶叶经营者、茶厂（场）员工、茶农和茶艺工作者、茶叶爱好者以及茶叶科研人员、茶叶院校师生。

5．《中国茶叶加工》

《中国茶叶加工》为季刊，创刊于1981年，是由中华全国供销合作总社主管，中华全国供销合作总社杭州茶叶研究院和全国茶叶加工科技信息中心站主办，国家茶叶质量监督检验中心、全国茶叶标准化技术委员会、浙江省茶资源跨界应用技术重点实验室协办，国内外公开发行的茶叶综合性学术期刊。杂志主要刊登以茶为研究对象的科学技术成果，内容涵盖茶叶生产加工、机械装备、储运保鲜、品质化学、质量标准、功能保健、资源利用、经营管理、市场流通、文化历史等领域，是科技信息交流的窗口，也是国内外茶业同行提供学术成果发表与实用新型技术交流的平台。

6.《茶叶》

《茶叶》经原国家科委批准，创刊于1957年，为季刊主管单位浙江省科学技术协会，主办单位浙江省茶叶学会、中国茶叶博物馆。主要刊登茶叶基础理论和应用科学研究、具有一定创新性的学术论文，以及针对性与实用性较强的经验总结和科普文章。

三、中国茶叶科技创新发展

（一）茶树遗传育种技术

"一粒种子可以改变世界"，茶树品种是茶叶生产最基本、最重要的农业生产资料之一，也是茶产业可持续发展的重要保障。中国作为茶树的原产地和最大的茶叶生产国，历来重视茶树品种的选育与应用，品种资源的丰富度和多样性也为世界之最。至清代，在福建一带出现了茶树压条和扦插技术，开展了无性繁殖茶树品种选育，相继育成了一批无性系茶树品种，如铁观音、水仙、黄棪、福鼎大白茶等。现代茶树育种工作则始于20世纪30年代，真正系统化的选种工作和育种的基础理论研究则在新中国成立之后才开始。在1978年的全国科学大会上，龙井43、福云6号、福云7号、福云10号等品种获得了科学大会奖，我国的茶树遗传育种工作迎来了春天，并迈入了新时代。

（1）我国制定了《茶树一致性、稳定性和特异性测试指南》的国际标准，并颁布了农业行业标准，为茶树植物品种权的取得制定了技术规范。

（2）在2016版《中华人民共和国种子法》出台之前，我国育成国家级审（认、鉴）定茶树品种134个，其中无性系品种117个。另外，还有省级审（认、鉴）定品种200余个。这些品种在推动我国茶产业发展、满足不同时期市场需求中发挥了重要的作用。

（3）育种目标适应茶产业发展需求变化。

（4）40年来，茶树育种技术经历了从传统技术育种向现代技术育种的发展，育种技术有了新进展。

（5）茶树部分性状的遗传机制和育种基础理论研究结果为今后提高茶树育种目标的针对性提供有力帮助。而在功能基因的克隆及表达调控上，更是取得了长足的发展，特别是茶树全基因组测序的完成，为全面解析茶树目标性状的遗传机制提供了强大的支撑。

（二）我国茶树栽培技术

1. 茶树丰产栽培和优质栽培技术

20世纪70—80年代，我国科技工作者对茶叶高产规律进行了系统的研究，在茶树光合作用特性、生态响应、碳同化物运输分配等基础理论方面的研究取得了重大进展，详细阐述了产量构成因素、群体结构和叶层特性等与产量形成的关系，加深了茶园群体结构构成、发展以及个体与群体关系的理论认识，明确了茶树新梢数量是构成茶叶产量的主导因子，总结提出了合理密植、培肥土壤、剪采养相互配合的丰产栽培技术，建立了高产茶园的栽培技术指标。

20世纪90年代以来，我国茶叶生产体系发生了重大变化，以名优绿茶为代表的茶叶生产快速发展，主要表现为采早、采嫩、采春茶等特色，栽培目标从过去重"量"到"质、量"并重，出现了主产名优茶、"名优茶＋大宗茶"等生产方式。

2．茶树营养、施肥和土壤管理技术

施肥是茶叶生产持续发展的物质基础，是增加茶叶产量和提高茶叶品质的一项重要技术。

我国茶树营养和茶园施肥技术的系统研究始于20世纪50—60年代，至20世纪80—90年代，明确了氮、磷等大量元素和锌、钼等养分的吸收利用特性，茶树科学施肥技术体系开始建立。

近年来，利用分子、各种组学技术对主要营养元素氮、磷、钾等的营养功能及其在茶叶品质成分代谢中的作用和茶树吸收特性开展了深入研究，茶树营养研究开始深入到分子水平。

3．茶叶机械化生产技术

茶叶采摘是茶叶生产中消耗劳动力最多的作业项目，传统的人工采摘、人工消耗占整个茶叶生产的50%以上。1989年，农业部组织成立了全国协作组，对机械化采茶技术进行了深入系统的研究。

随着名优茶生产发展和农村劳动力短缺现象持续加剧，有关单位自2005年起组织开展了优质茶机械化采摘技术攻关，在大宗茶机械化修剪及采摘基础上，优质茶生产茶园的机械化栽培管理方面也进行了较系统的研究。在茶园耕作机械方面取得了较大进展，开发了具有多功能化的管理机、小型乘坐履带式茶园管理机和多功能微耕机，实现茶园土壤机械化耕作和施肥。

4．建立标准化和绿色栽培技术体系

近年来，世界各国对茶叶卫生质量的要求越来越高，贸易的"绿色"壁垒也日趋普遍，使我国茶叶的出口和生产面临挑战。针对这些情况，我国茶园栽培逐渐向标准化、绿色清洁化方向发展，实现从源头上控制茶叶的安全质量。我国已经制定了NY/T 5019—2001《无公害食品茶叶加工技术规程》、NY 5020—2001《无公害食品茶叶产地环境条件》、NY/T 2008—2002《绿色食品茶叶》、NY 5196—2002《有机茶》、NY/T 5197—2002《有机茶生产技术规程》、NY/T 5199—2002《有机茶产地环境条件》等系列标准和规程，构成了指导我国当前茶树绿色标准化栽培的纲领性科技文件。

2010年以来，为了促进茶叶绿色发展，提升茶叶生产效率和质量品质，农业部开始茶叶标准园创建活动。

另外，在茶园污染元素的来源和防控措施研究方面也取得了重要进展。

（三）我国茶叶加工技术

1. 摊放和萎凋新技术

（1）摊放新技术 20世纪80年代，绿茶的基本加工过程为：鲜叶→杀青→揉捻→干燥，摊放未作为必需工序应用到绿茶加工中。近年来众多研究表明：摊放有利于减轻茶汤苦涩味、增强茶汤的鲜爽味等，因此现已将摊放作为茶叶初制的必需工序，广泛应用于各类绿茶和黄茶的生产，且鲜叶摊放至含水率68%～70%时可获得较佳的成茶品质。为解决传统室内摊放劳动强度大、占用生产场地大、环境因素难以控制等问题，鲜叶摊凉贮叶槽、自动化摊放贮青机、空气处理机组摊青室等新装置成功研制并投入生产。

（2）萎凋新技术 萎凋是红茶、乌龙茶和白茶的第一道工序。传统萎凋方式包括日光萎凋、室内自然萎凋、萎凋槽萎凋等，都存在劳动强度大、可控性差等缺陷，为此遮阳萎凋、人工光照萎凋、设施复式萎凋、人工调温调湿萎凋、链板式萎凋等一批新装置相继问世，控光萎凋克服了日光萎凋光质和光强不可控的弊端，人工调温调湿萎凋解决了自然萎凋对环境参数的不可控性，链板式萎凋通过温湿度调控、自动化翻拌基本实现了萎凋作业的自动化与连续化。此外，新型萎凋技术如人工控光萎凋技术、冷冻萎凋技术等得到了深入研究和广泛应用。研究表明，紫外光、红外光萎凋处理样品品质优于日光晒青；冰冻萎凋叶细胞损伤率显著增加，发酵时间明显缩短，且叶片茶黄素、茶红素含量大量增加。

2. 杀青新技术

杀青是绿茶、乌龙茶、黄茶和黑茶加工的关键工序，其本质在于通过高温钝化叶内酶活性。传统杀青设备有锅式杀青、滚筒杀青等，热源为柴、煤、气、电等，由于传统杀青设备存在杀青不匀、热效率低、温度波动大、热稳定性差等问题，为此开发了蒸汽、汽热、电磁加热等新型热源的杀青设备，显著提高了设备热效率，升温迅速且参数可控性提高。

（1）电磁内热杀青 电磁内热杀青主要采用磁场感应涡流原理，使导磁物自行发热，使热能尽可能消耗于滚筒，热能利用率可达50%～60%，温度浮动范围可控制在±3℃；为满足"高温杀青，先高后低"的杀青原理，首创三段杀青温度调控。

（2）远红外-微波组合杀青 为克服微波、蒸汽等杀青技术所制成茶香气不高的缺点，远红外技术得到应用。远红外线以射线形式进入叶肉组织，使叶子内外均匀受热，杀青高效节能、连续性好，产品香气高，且不会出现高温爆点和焦边，茶内含物质最大限度保留。

（3）蒸汽-热风组合杀青 蒸汽-热风组合杀青融合了蒸汽杀青穿透力强、耗时短等特点以及热风杀青产品香高味醇的优势。制成茶色泽翠绿鲜活、香气高爽、滋味醇厚；雨水叶可通过提高热风温度控制杀青叶含水量达到适宜水平，保证杀青叶柔软、嫩绿、色泽鲜活、无焦芽或青草气。

3. 做形（揉捻）新技术

（1）揉捻新技术 传统揉捻机需手动上叶和手动加压，无法连续化。为此，基于可编程逻辑控制器（PLC）控制的自动化茶叶揉捻机组的研制成功，实现了多台揉捻机的协作联动、自动上料、自动称量和自动分配，真正达到了揉捻工序的连续化、自动化作业。

（2）做形新技术 做形机械化是特色名优茶（如扁形茶、针形茶等）外形塑造的关键进展。1998年，第一台多功能机研制成功，集杀青、理条、做形、初烘于一体，替代了传统手工做形，降低劳动强度；2002年发明了单锅式扁形茶炒制机，所制成茶外观色泽明显更好；2006年以来，研制出多锅式、连续化自动式等更先进的设备，提高茶叶生产效率。

4. 发酵（渥堆）新技术

（1）发酵新技术　传统的室内自然发酵方式无法调控环境温湿度等参数，所制成茶品质不稳定，且需手动翻叶，劳动强度大，急需创新发酵设备研发和应用，如滚筒连续发酵机和发酵塔实现了发酵叶自动翻拌，减轻了劳动强度；增氧控湿发酵机等实现了对发酵环境温度、相对湿度、通气状况等参数的调控，并实现了连续化加工。此外电子鼻技术、氧化还原电位技术、电荷耦合（CCD）色泽检测技术等新技术也应用于红茶发酵适度的快速判断。

（2）渥堆新技术　传统的室内自然渥堆技术环境参数不可控，且采用人工翻拌，劳动强度大，为此研制出了一系列新型渥堆技术。普洱茶渥堆翻堆机基本实现了翻堆工序中的翻堆、铲料、输送、解块等功能，达到渥堆作业对翻堆操作及时高效机械化的要求，降低了劳动强度；渥堆过程的工序自动检测与控制系统可对普洱茶发酵过程中的温度、湿度、pH等相关参数进行实时采集、存储及自动控制，增加了各个批次普洱茶发酵品质的稳定性。

（四）茶叶加工新装备

1. 绿茶加工新装备

以茶叶消费市场和产业需求为导向，在摊放工序中融入摇青工艺，制得花香型绿茶。电磁内热杀青、微波–远红外杀青等节能型设备得到了广泛应用；整形机、精揉机、长板式龙井茶炒制机等一系列名优绿茶加工机械得到快速发展和推广。绿茶生产线作业日趋广泛，针芽形、扁形名优绿茶及大宗炒青绿茶均不同程度地实现了清洁化、连续化加工，部分工序可全自动控制，该系列生产线已在浙江、江苏、四川、湖北等地推广应用。

2. 红茶加工新装备

为丰富红茶种类、满足消费者多样化需求，新品种、新技术和新设备等不断应用到红茶加工中，金观音、金萱、黄观音等乌龙茶品种，以及晒青、做青等加工工艺被用于制作花香型、高香型红茶；精揉机、曲毫机、扁形茶炒制机等设备被用于加工扁形红茶、卷曲形红茶等；光补偿连续萎凋机、低氧冷揉捻设备、可视化连续发酵机等一批可控化程度极高的新设备用来组建现代红茶生产线。条形、针形红茶自动清洁化生产线等已在生产上大量应用。

3. 乌龙茶加工新装备

开发出可自动控制的水筛摇青机、振动摇青机、智能化做青机等，单机的生产力和产品的稳定性大幅度提高；微波干燥、远红外干燥、茶叶色选拣梗机等设备也被应用到乌龙茶生产中。乌龙茶初制自动化生产设备，采用冷热风吹干、红外晒青，并与热风微波杀青装置、自动成型装置及自动烘干装置结合使用，实现乌龙茶生产的全程自动化、连续化生产。

4. 黑茶加工新装备

传统的黑茶加工劳动强度大、工艺可控性差、生产周期长，成茶风味品质极不稳定。温湿度自动监测预警系统、普洱茶发酵自动检测与控制系统等新设施被用于黑茶加工，但这些研究仅处于起步阶段，适用于机械化、清洁化、规模化大生产的渥堆智能控制系统尚待开发。

5. 白茶加工新装备

传统白茶条形松散，在包装、储藏、运输等方面诸多不便，已开发出白茶饼、白茶砖等产品。为改进白茶萎凋工艺和减轻气候条件的影响，研制出温湿度可控的白茶萎凋室、变频连续化萎凋机等新设备，为实现白茶工厂化加工、品质的稳定性和可控性等提供了技术支撑。

6. 黄茶加工新装备

为获得具有特殊风味的新型黄茶产品，尖波黄、川茶系列等一批叶绿素含量低、酚氨比值低的品种被筛选出来加工黄茶。蒸汽杀青因受热连续、杀青时间短且环境相对密闭，可满足黄茶加工"多闷少抛"的技术要求，促进叶绿素湿热降解，而得到广泛应用。鹿苑茶、蒙顶黄芽等茶企相继提出了机械化加工技术，促进了黄茶生产的设施化、高效化、标准化。

（五）茶叶深加工技术

茶叶深加工主要是指以茶叶生产过程中的茶鲜叶、修剪叶、茶叶、茶籽，以及由其加工而来的半成品、成品或副产品为原料，通过集成应用生物化学工程、分离纯化工程、食品工程、制剂工程等领域的先进技术及加工工艺，实现茶叶有效成分或功能组分的分离制备，并将其应用到人类健康、动物保健、植物保护、日用化工等领域的过程。茶叶深加工是有效解决中低档茶和夏秋茶出路、提升茶叶附加值、跨界拓展茶的应用领域、延伸茶叶产业链的重要途径。我国茶叶深加工起步于20世纪60年代初，70年代成功研制各种速溶茶，1976年启动了茶皂素提制技术研究，1978年以来一大批专家学者先后开展茶叶深加工理论与技术研究。

1. 速溶茶与浓缩茶汁提制技术

速溶茶和浓缩茶汁的提制工艺主要由提取、过滤、浓缩、干燥等工序组成，此外，还包括水处理、茶原料拼配、转溶、香气回收利用等工序。为了提高速溶茶的提取收率、效率、品质，降低提取成本，酶解提取、微波提取、超声波提取、超临界CO_2提取等新技术得到了不断的研究与应用。

现在，超滤膜、纳滤膜、无机陶瓷膜等先进膜过滤技术已经全面应用于大生产的茶提取液过滤中。

近年来，连续真空冷冻干燥方法和低温喷雾干燥等新技术为速溶茶风味品质提升奠定了更好的技术基础。

2. 茶叶功能成分提制技术

（1）茶多酚（儿茶素）的提制技术　自20世纪80年代开始，茶多酚与儿茶素的提取分离技术一直是茶叶深加工的研究重点和热点。90年代中后期，研究构建了只采用纯水和酒精为提取与分离溶剂，膜分离与大孔树脂分离纯化相结合的茶多酚（儿茶素）绿色高效提取分离纯化技术体系，满足了国际市场对茶叶提取物质量安全的日益严苛要求。

（2）茶氨酸提制技术　从儿茶素提制过程的水洗脱液或低浓度酒精洗脱液中，采用离子沉淀法、离子交换吸附法与膜分离法组合分离天然L–茶氨酸的技术日趋成熟，为高茶氨酸茶树资源的高值化利用及茶叶功能成分组合高效提制提供了技术支持。

（3）茶黄素的酶促氧化制备与分离纯化技术　由于红茶中茶黄素含量不高（0.5%~2.0%），加之国内红茶消费热的兴起，导致以红茶为原料提取分离纯化茶黄素的成本缺乏市场竞争力和产业化的可操作性。因此，以儿茶素为原料通过酶促氧化制备茶黄素是一条经济高效可行的新技术途径。采用茶鲜叶、梨和茄子多酚氧化酶（PPO）、DeniliteIIS真菌漆酶催化合成茶黄素，牛蒡根多酚氧化酶氧化EGCG3′Me合成甲基化茶黄素（TF3MeG3′G），均取得了具有可实施产业化应用的技术突破。

（4）茶皂素提制技术　茶皂素是一类齐墩果酸型五环三萜类糖苷化合物，分子质量较大，极性强，易溶于水，起泡性强，是一种性能优良的非离子型天然表面活性剂。中国农业科学院茶叶研究所自20世纪70年代率先开展茶皂素的提取分离纯化技术与应用研究，并于1984年获国家发明三等奖。

（5）茶多糖提制技术　茶多糖是茶叶中重要的活性成分之一，它的研究始于20世纪80年代，当时由于茶多糖的分离手段不完善，茶多糖中存在大量的脂类。粗老茶中茶多糖含量较高，故多用该类茶叶提取茶多糖。茶多糖最常见的制备方法是水提醇沉法，以及一些辅助提取方法，如微波、超声波、酶辅助浸提等；常见的纯化技术有先用Sevage法除蛋白、过氧化氢法脱色、透析法除盐等，然后用柱层析法、超滤法、季铵盐沉淀法等提纯。

3. 茶饮料加工技术

茶饮料是指以茶叶的萃取液、浓缩液、速溶茶粉为主要原料加工而成的饮料，具有茶叶的独特风味，含有天然茶多酚、咖啡因等茶叶有效成分，是清凉解渴的多功能饮料。

随着茶饮料市场规模的快速崛起，茶饮料生产加工技术水平也得到了快速提升。研究揭示，茶饮料加工过程中会受温度、pH、空气等因素影响，使茶汁中的茶多酚类、生物碱、可溶性糖、色素、维生素、矿物质、香气等物质产生相应化学变化。在茶饮料的护色技术、保质技术、防沉淀技术、保香技术等方面取得了一系列突破，膜分离技术、酶工程技术、非热杀菌技术、无菌灌装技术、芳香物质回收技术等先进技术被全面推广应用。

4. 功能性终端产品开发

茶多酚在20世纪90年代初被列入食品添加剂中的天然抗氧化剂。进入21世纪以来，随着表没食子儿茶素没食子酸酯（EGCG）、茶氨酸、茶树花、茶叶籽油被我国列为新资源食品，为茶叶提取物在食品领域的大量应用突破了法规障碍。我国茶叶深加工技术研究开发逐步由过去只专注提取分离纯化技术创新向同时开展茶叶活性成分的功能研究与终端产品研发转移，以茶与健康的最新研究成果为基础，开发以茶叶功能成分为原料的天然药物、健康食品、功能食品、休闲食品、功能饮料、个人护理品、动物健康产品及环境修复产品等，越来越多具有天然、健康特点的茶叶深加工终端产品投入到大健康产业中，产品呈现日益多样化、功能化、时尚化、方便化。

（六）茶叶质量安全技术

民以食为天，食以安为先，随着中国经济的发展，茶叶质量安全越来越被老百姓所关注。经过改革开放40余年的发展，我国茶叶质量安全保障体制不断完善，逐步禁止了高毒高残留农药的使用，替换茶汤中易浸出农药，建立了茶叶质量安全研究平台，持续开展国内外茶叶标准的比对与预警、茶叶质量安全风险评估等研究；检测技术由传统化学分析方法向光谱法、色谱法等仪器分析方法进步，茶树病虫害防控采用低毒低残留化学农药和绿色防控，农产品质量安全新的学科建立，茶叶也开启了从环境到茶杯全生产链质量安全的基础应用研究。

（1）农药残留由单项检测向高通量分析方向发展。

（2）茶叶元素分析由原子吸收光谱法向联用质谱法发展。

（3）茶园病虫害防控趋向于向更安全、更可靠、更绿色的方向发展。

（4）风险评估稳定产业根基，制定标准发挥作用。

第二节　中国茶叶贸易新时代

一、茶马互市就是以茶治边

"茶马互市"起源于唐、宋时期，是中国西部历史上汉藏民族间一种传统的以茶易马或以马换茶为中心内容的贸易往来。我国西北地区食肉饮酪的少数民族，茶与粮是同等必需，有"一日无茶则泻，三日无茶则病"之说。古时战争，主力为骑兵，马是战场上决定胜负的重要条件。大抵在唐贞元年间，封演在《封氏闻见记》中称茶："始自中原，流于塞外。往年回鹘入朝，大驱名马，市茶而归。"此为中国现存文献中有关以茶易马的最早记载。但西北少数民族向中原市马或献马，"中原按值回赐金帛"的时间，可上溯到唐开元年间。其时驱马市茶，并未形成一种定制。至宋神宗熙宁七年（1074），遣李杞入蜀置买马司，于秦、凤诸州、熙河路设官茶场，规定以川茶交换"西番"马匹，才确立为一种政策。

茶马互市是古代中原地区与西北少数民族地区商业贸易的主要形式，实际上是朝廷在西部游牧民族中尚不具备征税条件的地区实行的一种财政措施。元代因其本部蒙古产马，未实行茶马交易之制。明、清二代，均沿用宋制，在川、陕设立专门机构。到雍正帝胤祯十三年，官营茶马交易制度停止。茶马交易实施将近700年，虽然对于促进各民族之间的交流和经济发展起到一定的积极作用，但就其本意来说，是运用内地的茶叶控制边区，利用边马来强化对内地的统治。今日所称的"茶马古道"，实为源自古代的"茶马互市"，即先有"互市"，后有"古道"。"茶马古道"作为一条连接内地与西藏的古代交通大动脉，历经唐、宋、元、明、清，最后虽然从历史的地平线上消失，但其对促进康藏地区经济、增进汉藏民族融合、维护国家统一的历史作用不容低估。

二、鸦片战争也是茶叶战争

英国至少有三分之二的家庭就餐时饮茶，平均每人每年至少消费1.5千克茶叶。为了满足嗜茶如命的国民需求，英国政府想方设法获得大量价廉的茶叶，通过扩大通商、垄断海外贸易获得茶叶。英国的通商模式一开始比较简单，以货易货，用英国的毛纺织品换中国的茶叶。当时中国人购买毛纺织品者几乎没有，英国人自掏银子采购茶叶，使得无数的白银流进了中国，造成英国长期的贸易逆差。英国政府以鸦片贸易，换取白银，最后用白银购买中国茶叶，成功抹平贸易逆差。

随着鸦片贸易越来越大，导致白银大量外流，严重动摇了清政府的统治经济，干扰了社会秩序、根基。道光帝便派林则徐到广州禁烟，这就有了历史上著名的"虎门销烟"，同时，终止与英国通商。巨大的利润与财政收入驱使英国决议发动战争，动用武力迫使清政府开放通商口岸，打开国门。这就是我们历史上的鸦片战争，战争最终迫使清政府签订了中国近代史上第一个不平等条约《南京条约》，中国增开广州、厦门、福州、宁波、上海五处为通商口岸，并赔款、割地。

英国将中国的茶树种，连同中国的茶农和制茶师运到印度、巴西等地，设立现代化茶叶生产基地。到了1876年，英国消费的印度茶叶超过中国，到了1894年，中国的茶叶仅占英国人茶叶消费的两成，中国仅有茶叶贸易换汇已被英国取代，完全沦为英国货物的进口国。

三、茶叶计划经济与市场经济

计划经济（计划经济体制），又称指令型经济，是对生产、资源分配以及产品消费事先进行计划的经济体制，是根据政府计划调节经济活动的经济运行体制。是一种不同于市场经济的，高度集中的，实现高效率的社会经济体系。新中国成立后，政府采取的茶业经济政策是"以产定销，以销定产，产销结合"；茶叶贸易方针是"扩大外销，发展边销，照顾内销"，做到全盘考虑，统筹兼顾。1949年10月25日，召开全国茶叶会议，在北京成立中国茶叶公司，各产地先后成立分支机构。中国茶叶公司自行设站集中收购毛茶，以后委托供销合作社代收，便利茶农投售，取缔了茶贩中间盘剥。

1949年全国茶园面积200万亩，1952年350万亩，1957年560万亩，1958年650万亩。茶叶产量1949年，80万担，1952年，160万担，1958年280万担，1976年产量仅次于印度，超过斯里兰卡。新中国成立初期，只有19个国家和地区输入中国茶；1957年，有50多个国家和地区进口中国茶叶。1965年，我国茶叶外销扩大到90多个国家和地区。

五年计划，全称为中华人民共和国国民经济和社会发展五年计划纲要，是中国国民经济计划的重要部分，属长期计划。主要是对国家重大建设项目、生产力分布和国民经济重要比例关系等作出规划，为国民经济发展远景规定目标和方向。中国从1953年开始制第一个"五年计划"。从"十一五"起，改为"五年规划"。1949年10月到1952年底为国民经济恢复时期和1963年至1965年为国民经济调整时期。2020年是实施第十三个五年规划的收官之年。

市场经济，是指通过市场配置社会资源的经济形式。市场就是商品或劳务交换的场所或接触点。市场无形之手，即价格，价格决定了资源分配，供需影响价格，市场参与者决定了供需，参与者是大多数人，因此自由市场由多数人做决策；市场有形之手，即政府或垄断企业，是少数人做决策。市场无形之手制造了公平的不平等，垄断企业制造了不公平的不平等，政府要制造公平的平等，自主性、平等性、竞争性、开放性、有序性是市场经济的必然追求特征。1978年12月中共十一届三中全会之后，在新的历史条件下，实行改革开放，于1984年中共十二届三中全会提出发展有计划的商品经济，1992年中共十四大提出发展社会主义市场经济。到了21世纪，已经基本上建立了市场经济体系，步入了市场经济国家行列。但总体市场化程度仍然有待提高。

1981年11月，全国供销合作总社畜产茶茧局在江苏南京召开全国名茶座谈会，交流各地名茶生产情况和经验，并研究讨论今后发展名茶生产的意见，审评各地选送的名茶。1984年6月，国务院下发〔1984〕国发75号文件，批转商业部《关于调整茶叶购销政策和改革流通体制意见的报告》。边销茶继续实行派购；内销茶和出口茶货源彻底放开，实行议购议销，按经济区划组织多渠道流通和开放式市场，把经营搞活，扩大茶叶销售，促进茶业生产继续发展。2018年，中国茶叶种植面积已达290多万公顷，占全球面积的61%左右。茶产量达到261万吨，居世界第一，占全球产量的45%。2018年，中国茶叶出口量36.5万吨，出口国家或地区达128个，出口金额17.8亿美元；同期，中国茶叶进口量3.55万吨，进口金额1.78亿美元。全国干毛茶产量261.6万吨，毛茶总产值达2157.3亿元。绿茶、黑茶、红茶、乌龙茶、白茶、黄茶产量分别为172.24万吨、31.89万吨、26.19万吨、27.12万吨、3.37万吨、0.8万吨。中国茶叶内销量达191万吨，市场内销额达到2661亿元，销售均价为139.3元/千克。

四、WTO与茶贸易绿色壁垒

1994年4月15日，在摩洛哥的马拉喀什市举行的关贸总协定乌拉圭回合部长会议决定成立更具全球性的世界贸易组织（形象标识，见图5-1），以取代成立于1947年的关贸总协定。世界贸易组织是当代最重要的国际经济组织之一，拥有164个成员，成员贸易总额达到全球的98%，有"经济联合国"之称。其宗旨是"提高生活水平，保证充分就业和大幅度、稳步

图5-1　世界贸易组织形象标识

提高实际收入和有效需求"。以开放、平等、互惠的原则，逐步调降各会员国关税与非关税贸易障碍，并消除各会员国在国际贸易上的歧视待遇。

1995年7月11日，世贸组织总理事会会议决定接纳中国为该组织的观察员。中国自1986年申请重返关贸总协定以来，为复关和加入世界贸易组织已进行了长达15年的努力。2001年12月11日，中国正式加入世界贸易组织，成为其第143个成员。

绿色贸易壁垒，是指在国际贸易活动中，进口国以保护自然资源、生态环境和人类健康为由而制定的一系列限制进口的措施。绿色壁垒，也称为环境贸易壁垒，是指为保护生态环境而直接或间接采取的限制甚至禁止贸易的措施。绿色壁垒通常是进出口国为保护本国生态环境和公众健康而设置的各种保护措施、法规和标准等，也是对进出口贸易产生影响的一种技术性贸易壁垒。它是国际贸易中的一种以保护有限资源、环境和人类健康为名，通过刻意制定一系列苛刻的、高于国际公认或绝大多数国家不能接受的环保标准，限制或禁止外国商品的进口，从而达到贸易保护目的而设置的贸易壁垒。

五、互联网＋与"双11"

互联网（Internet），又称网际网路或音译因特网、英特网，是网络与网络之间所串连成的庞大网络，这些网络以一组通用的协定相连，形成逻辑上的单一巨大国际网络。"互联网＋"代表一种新的经济形态，即充分发挥互联网在生产要素配置中的优化和集成作用，将互联网的创新成果深度融合于经济社会各领域之中，提升实体经济的创新力和生产力，形成更广泛的以互联网为基础设施和实现工具的经济发展新形态。

"互联网＋"是以互联网平台为基础，利用信息通信技术与各行业的跨界融合，推动产业转型升级，并不断创造出新产品、新业务与新模式，构建连接一切的新生态。

互联网＋计划，是互联网和其他传统产业的一种结合的模式。随着中国互联网网民人数的增加，使得互联网在其他的产业当众能够产生越来越大的影响力。

"互联网＋"，是指以互联网为主的一整套信息技术（包括移动互联网、云计算、大数据技术等）在经济、社会生活各部门的扩散应用过程。

"双11"指每年的11月11日，是指由电子商务为代表的，在全中国范围内兴起的大型购物促销狂欢日。自从2009年10月1日和中秋节一起双节同过开始，每年的11月11号，以天猫、京东、苏宁易购为代表的电子商务网站一般会利用这一天来进行一些大规模的打折促销活动，以提高销售额度，逐渐成为中国互联网最大规模的商业促销狂欢活动。

"双11"就是这个商业社会开出的一朵奇葩。然后这朵奇葩又联系着老公的信用卡（夫妻家庭关系），联系着快递（社会关系），联系着各种商战（商业关系），于是"双11"就像涟漪一样蔓延出了各种社会关系和现象，慢慢地就开始进化成了一种称作"文化"的东西。

从11月11日所谓"光棍节"衍生出来的"节日"是民间自封的，但它恐怕是中国近年来"最成功"的节日。它把中国最草根、也最"土豪"的事物聚集在一起，创造出最高大上的互联网商业奇迹，在世界范围内声名远扬。

从阿里巴巴生意参谋数据显示：2019年"双11"全天，交易指数排名前三的茶叶品牌依次为大益、修正、中茶。据了解大益已是连续五年占据天猫"双11"茶行业销售榜首，80分钟销售额即破亿的大益刷新了茶行业"双11"的纪录，这次"双11"大益首次进入了天猫"亿元俱乐部"，销售额达到1.56亿元。作为网络消费的主力军，年轻群体消费者成为"双11"茶叶消费的重要群体（图5-2）。茶叶消费主力还是30～50岁的人群。"价格战"时代已经过去，品质、健康是消费者的首选。

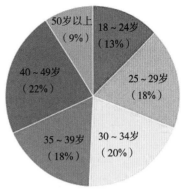

图5-2　天猫"双11"购茶者年龄分布（根据阿里巴巴生意参谋客群指数换算得出，存在少许误差，不含花草茶、水果茶、代用茶）

第六章

中国茶世界香

第一节　茶与大健康时代

一、茶叶五类成分

茶叶产量成分，即茶叶产量的构成物质。茶叶中含量最高的成分分别是蛋白质、糖类、茶多酚和脂类，这4种成分加起来含量超过了90%。其中茶叶中三大自然物质含量依次是蛋白质20%～30%、糖类20%～25%、脂类约8%，另外一个含量较高的多酚类物质所占比例18%～36%。这四类物质成分含量高了，茶叶产量就增加了。

茶叶品质成分，对于茶叶来说，其最主要的品质就是色、香、味。所谓品质成分，是指影响茶叶品质的化学成分，主要包括呈现色的叶绿醇、胡萝卜醇及酚类，彰显香的芳香物质，构成味的多酚类、氨基酸类和生物碱类等。品质成分一定要讲究各组成成分间比例的协调。茶叶色泽香气滋味等不同内质由不同的化学成分决定。左右茶叶色泽的成分为色素（叶绿素、胡萝卜素、酚类），约占1%；左右茶叶香气的成分为芳香物质（鲜叶中87种、绿茶260种、红茶400多种），占0.005%～0.03%；左右茶汤滋味的成分较为复杂，通常有多酚类18%～36%、氨基酸1%～4%（茶氨酸为主）、咖啡因2%～5%（是生物碱3%～5%主成分）、糖类20%～25%。

茶叶营养成分。营养成分就是拿来维持人体生命的成分，七大食品营养素分别是蛋白质、脂肪、碳水化合物、维生素、矿物质、微量元素、水和膳食纤维。茶叶中是不是营养成分很多？当然不是，只能说茶叶营养成分丰富，茶叶中含有人体必需的5类营养素（44种）。其中必需氨基酸8种、必需脂肪酸1种、维生素13种、常量元素7种、微量元素14种和水。喝茶可以补充一点点的营养，但维持生命不行。实践研究表明，一个身体正常人只喝水不吃饭，最多可以维持生命7天，假如将这个人喝的水换成茶水，最多可以维持生命8天。

茶叶功效成分，除了解渴之外，喝茶主要是为了什么呢？喝茶最主要的目的并不是维持生命，主要还是获取茶叶里面的有益健康的功效成分。功效成分就是通过激活体内酶的活力或者其他途径调节人体机能，即喝茶的主要目的是促进人们身心健康。功效成分是茶叶中最重要的成分，茶多酚、咖啡因、氨基酸及茶多糖等是最具有现实应用价值的功效成分。

茶叶特征成分。作为特征成分至少满足三个要求：一是该成分是茶叶里特有的，其他植物里没有，或者含量很少而茶叶里含量丰富，如咖啡因，咖啡豆里也有，但其含量远低于茶叶中咖啡因含量；二是该成分一定能溶解在水里面，否则没法被人体方便利用，如沸水去泡茶还泡不出来，那就不方便被人体利用；三是该成分进入人身体以后能够让人有生理反应，茶叶中不同的特征性成分让人有不同的生理反应，如喝茶能提神是由于咖啡因的特质，喝茶能够防止心脑血管病是茶多酚的特质，喝茶让人安神甚至更平静是茶氨酸的特质。茶叶特征性成分共有三个，依次是茶氨酸、咖啡因、茶多酚。

二、饮茶有益健康

据现代科学分析和鉴定，茶叶中含有700多种成分，其中450多种化学成分对人体有益；茶叶除了解渴的功能外，还具有天然保健作用和医药功能。最为突出的是防辐射作用（图6-1），国内外大量科学研究发现，茶叶具有良好的抗辐射效果。典型事例很多，二战末期日本广岛地区受到美国原子弹轰炸，针对存活下来的居民做过一些流行病学的调查，结果发现生活质量比较好的居民和生存期比较长的居民都是有喝茶习惯的；所以在日本把茶称作原子时代的饮料。大家知道，癌症病人一定会被采取放疗、化疗或者放化疗。在浙江大学医学院附属第一医院临床实践发现，在放化疗期间，如果癌症病人同时服用一些茶提取物，包括茶多酚、儿茶素胶囊，可以减少放化疗副作用；茶提取物的升白细胞有效率在90%以上，癌症病人掉头发的症状明显改善。茶叶如何起到这个抗辐射作用的呢？其实是茶叶成分在人体筑起的防护墙，把射线给挡住了，所以能够起到抗辐射作用。

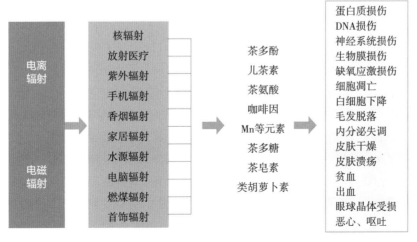

图6-1　茶叶的"防护墙"作用

　　其次是抗衰老作用，一直以来就有一个说法——"茶界多寿星"，这可能就是茶叶抗衰老（延缓衰老）作用的最好例证吧。我国现代茶业的奠基人、当代茶圣吴觉农先生93岁在谈到他和夫人长寿奥秘时，道出了平时多喝茶、多吃水果的答案，他夫人陈宣昭老师活到98岁；生于1910年的二十世纪十大功勋之一、我国茶界泰斗张天福先生见证茶寿108岁，生于1918年的中国国际茶文化研究会创会会长（浙江树人大学创始人）王家扬先生活到103岁。社会调查只是一种流行病学的调查，还不能作为茶叶有助延长寿命的科学依据。浙江大学王岳飞教授组织科研团队的果蝇实验揭开喝茶可以延长寿命的奥秘。果蝇跟人一样，也是"女（雌性，平均寿命46天）果蝇"比"男（雄性，平均寿命40天）果蝇"寿命要长很多，通常"女果蝇"比"男果蝇"长6天的寿命，即七分之一的生命周期。课题小组喂养了几万只果蝇，经过长期观察发现，最长寿的雄性果蝇可以活到62天，雌果蝇可以活到70天。实验发现仅给雄性果蝇喝茶水，而给雌性果蝇喝水，两个性别的长寿果蝇几乎都能活到70天；若在给雄性果蝇喝茶水的同时，也给雌性果蝇喝茶水，雌性果蝇可以活到76天；实验结果达到显著性差异，实验表明喝茶可让果蝇的寿命延长10%，间接反映饮茶可延年益寿。

　　再次是促进酒精分解作用（解酒），喝茶是否可以促进酒精分解或解酒，一直以来就是大家比较关注问题。可以通过饮酒小白鼠爬杆实验来说明饮茶与解酒间的关系：以同样群体的小白鼠30只为实验对象，平均分为三组，每组10只，第一组饲喂饱后灌饮一定量白酒至醉，第二组饲喂饱后灌饮同样量蒸馏水，第三组饲喂含一定剂量茶提取物饱后灌饮同样量白酒，做好标记；然后放入一个周边光滑的游泳池（小白鼠无法从游泳池周边爬上岸逃生），在游泳池中间事先间隔竖立放置50多支竹竿（清醒的小白鼠可以爬上竹竿安全逃生）；实验结果发现，没有喝酒的小白鼠几乎全部逃生，喝醉酒而没有摄入茶提取物的小白鼠几乎全部被水淹死（有几只爬到竹竿中间又掉进水里），事先摄入茶提取物喝醉酒的小白鼠大部分都爬上竹竿顺利逃生了，小部分没能逃生。实验表明饮茶是可以解酒（促进酒精分解），最佳的解酒效果是饮酒前摄入一定量的茶提取物如茶多酚片或茶爽含片。醉酒后再喝茶，尤其是浓茶是不太好的，一是因为咖啡因的利尿性，让还没有完成分解的酒精分解物如乙醛进入肾，给肾产生危害；二是浓茶对人体心血管有刺激兴奋效果，加重醉酒后心脏等器官负担。

三、"茶为万病之药"依据

　　唐代大医学家陈藏器在《本草拾遗》里面有这样一句话："诸药为各病之药，茶为万病之药"。茶为什么可以称作"万病之药"？理解这句话，需要先来回顾一下"茶为万病之药"这句话的历史，然后再了解"茶为万病之药"的理论依据。茶叶在我国最早作为药物使用，以前把茶叶称茶药。最早的药理功效记载是在《神农本草经》里面的"日遇七十二毒，得荼而解之"；到了汉代就把它当成长生不老仙药。医圣张仲景在《伤寒论》里面说"茶治脓血甚效"，名医华佗也讲了"苦茶久食益思意"，就是说茶对身体有很大的好处；唐代陆羽在《茶经》中也记载了很多茶的功效。所以在唐朝以前的人，就认识到茶有不少功效，不仅可让人们明目、少睡、有力气、精神愉快，还可以减肥、增加思维的敏锐度等。在国外，"茶禅一味"的首倡人荣西，作为日本种茶的鼻祖在《吃茶养生记》里面讲到"茶者养生之仙药，延龄之妙术也。"就是说茶能够养生、能够延长寿命。茶刚开始传到欧洲去时，不是放在食品店或茶叶店里卖，而是作为一种药放到药房里卖。

那么茶为什么可以称作"万病之药"呢？可以从两个层面去理解。第一层面，茶的功效成分很多，如茶多酚、氨基酸、咖啡因，对人体有很多好的生理功能，所以有人把茶树称作合成珍稀化合物的天然工厂。第二层面是"自由基病因学"，可以很好解释"茶为万病之药"的说法。"衰老"的自由基学说认为，人体衰老过程中的退行性变化是由于细胞正常代谢过程中产生的自由基的有害作用造成的；生物体的衰老过程是机体的组织细胞不断产生的自由基积累结果，自由基可以引起DNA损伤从而导致突变，诱发肿瘤形成。据统计上万种的慢性疾病、老年病包括衰老，都是由自由基引起。如果找到一种能够清除自由基的物质，那它就可以预防上万种的疾病；茶叶中具有可以清除自由基的物质，茶理所当然可以称为"万病之药"，从这个方面就可以很好地解释了。

四、拥抱大健康时代

大健康是根据时代发展、社会需求与疾病谱的改变，提出的一种全局的理念。它围绕着人的衣食住行以及人的生老病死，关注各类影响健康的危险因素和误区，提倡自我健康管理，是在对生命全过程全面呵护的理念指导下提出来的。它追求的不仅是个体身体健康，还包含精神、心理、生理、社会、环境、道德等方面的完全健康。提倡的不仅有科学的健康生活，更有正确的健康消费等。所谓大健康，就是围绕人的衣食住行、生老病死，对生命实施全程、全面、全要素地呵护，既追求个体生理、身体健康，也追求心理、精神等各方面健康。21世纪，由发展经济到追求健康、享有保健的新时代；健康是人生最宝贵的财富，没有健康的身心一切无从谈起。

当前中国迎来了大健康时代的黄金时期。2019年我国65岁以上老年人口约2.54亿，已经进入老龄化社会；2018年我国健康素养水平是17.06%，人们追求健康的吃住行等生活方式意识在逐步提升；中国经济总量达99.09万亿，排行世界第二，任何一个国家，如果经济不发达，国家的健康产业是没法发展的。2016年8月，隆重召开21世纪第一次全国卫生与健康大会，明确了建设健康中国的大政方针；同年10月，发布实施《"健康中国2030"规划纲要》，明确了行动纲领。党的十九大报告将实施"健康中国"战略提升到国家整体战略层面统筹谋划。2019年发布《健康中国行动（2019—2030年）》（统称健康中国行动有关文件）。

在国家代谢系统上，就人口代谢而言，茶作为健康饮品，对提升下一代人口质量、素质有促进作用；就资源代谢而言，饮茶作为一项修身养性的活动，符合绿色生活和低碳经济的理念，茶资源的全价利用和跨界开发，迎合了资源综合利用的发展趋势；就环境代谢而言，茶树及其衍生产品能有效控制废水、废气、温室气体排放等，对环境保护有促进作用。

在国家免疫系统上，就自然保护而言，茶树具有良好的保土保水功效，有助于保障生态系统和谐稳定发展；就经济防御而言，对于维护经济平稳持续增长和可持续发展有着至关重要的意义；就社会抗逆而言，以茶修身养廉的有助于育民、惠民、富民，提升国民幸福指数。

在国家神经系统上，茶文化外交，有助于提升国家反应能力、决策能力和执行能力，向世界展现中华茶文化魅力；茶对提醒公职人员清廉、克服官僚主义、促进财富再分配有一定作用。

在国家行为系统上，茶有助于提升公民进取精神、崇尚进取价值观、企业进取精神、执政进取精神、创新创业；茶叶可以助力精准扶贫、推进新农村建设、增强青山绿水生态意识。

中国茶产业发展有助于实现产业精准扶贫和茶农脱贫致富，为乡村振兴做贡献；中国茶文化蕴含的精神力量构成了社会主义核心价值观的重要组成，在促进国民安全、健康、幸福的美好生活和可持续发展方面扮演了至关重要的角色。

第二节　茶让生活更美好

一、追求美好生活向往

（一）进入新时代

党的十九大报告宣告中国特色社会主义进入了新时代，新时代的总目标是在20世纪中叶建成富强民主文明和谐美丽的社会主义现代化强国，新时代的社会主要矛盾是"人民日益增长的美好生活需要和不平衡不充分的发展之间的矛盾"。"美好生活需要"内容更广泛，不仅包括既有的"日益增长的物质文化需要"这些客观"硬需求"；更包括在此基础上衍生出来的获得感、幸福感、安全感以及尊严、权利、当家做主等更具主观色彩的"软需求"。

原来的"硬需求"并没有消失，呈现出升级态势，人们期盼有更好的教育、更稳定的工作、更满意的收入、更可靠的社会保障、更高水平的医疗卫生服务、更舒适的居住条件、更优美的环境、更丰富的精神文化生活。新生的"软需求"则呈现多样化多层次多方面的特点，从精神文化到政治生活、从现实社会地位到心理预期、价值认同等方面，对公平正义、共同富裕甚至对人的全面发展与社会全面进步都提出相应要求。

假如仅把新时代新社会主要矛盾"人民日益增长的美好生活需要和不平衡不充分的发展之间的矛盾"作为一句停留在口头的新名词，而不去认真思考并加以贯彻到我们的工作学习生活中，那就大错特错了。

（二）新时代茶文化思想

一是坚守中国是茶故乡立场和坚定文化自信的发展总思想。没有高度的文化自信，就没有茶文化的繁荣兴盛；中国是茶文化的发祥地，茶文化是中华传统文化的优秀代表，中华优秀传统文化是中国特色社会主义文化的源头。

二是坚持人与自然和谐共生的发展思想。既要树立"一片叶子，成就了一个产业，富裕了一方百姓"发展思路，更要践行"绿水青山就是金山银山"生态文明理念，让茶文化服务于乡村振兴战略和美丽中国的新征程。

三是坚持茶文化创造性转化与创新性发展思想。通过茶文化"进学校、进社区、进机关、进企业、进家庭"和"喝茶、饮茶、食茶、用茶、玩茶、事茶",使其逐步转化为人们的情感认同和行为习惯;在实践创造中进行茶文化创造,在历史进步中实现茶文化进步,使中华茶文化最基本的文化基因与新时代茶文化相适应,与人民日益增长的美好生活需要相协调。

二、茶文化五进工程

在中国,茶不仅是一种饮品,更是崇尚道法自然、天人合一、内省外修的东方智慧。茶文化是以茶习俗为文化地基、以茶制度为文化框架、以茶美学为文化呈现、以茶哲识为文化灵魂的人类历史进程中创造的茶之人文精神的全部形态。所谓茶文化五进是指大力开展茶文化"进机关、进企业、进学校、进社区、进家庭"的"五进"活动,以此让茶文化走进人们生活,让更多人了解茶、喜欢茶、爱上茶。其中机关和企业是人们工作的场所,社区和家庭是人们生活的地方,而校园却是学生学习的区域。工作场所、生活地方、学习区域,涵盖了整个社会,这就是积极贯彻文化自信、全面践行中华民族优秀传统文化传承发展的具体呈现。茶文化进入社会的形式很多种,如全民饮茶、敬老茶会(图6-2)、茶艺竞赛、开茶节、茶叶博览会等,这都是形而下的表象,相对比较容易推行,但是要想获得更好的茶文化五进活动成效,还需要提炼一些形而上的深层内容,避免出现"有知识无文化,有文化无人文精神"的感性情怀局面,从而让茶文化绽放璀璨的奇葩之花。

(一)茶文化外在三维功能

一提到茶文化的功能,往往会停留在相对比较表象的社会功能、经济功能及审美功能,其实当我们运用三维世界观和方法论揭示文化内在的三维结构之后,就会发现文化外在的三

图6-2　敬老茶会现场

维功能，即文化所释放的以文化人、以文化印和以文化国的功能。

从以文化人来观察，茶文化具有"教育人民、服务社会、引领风尚"的人文追求，包括以文致信的信仰功能、以文致思的思考功能、以文致行的行为功能等。要发挥好茶文化育民功能，用优秀的中华茶文化培育人、塑造人，提升人的素质，丰富精神内涵，滋养城乡群众。

从以文化印来观察，茶文化具有"人过留痕，文过留印，化则升华"的人文特征，包括改造自然功能的印记、制作器物功能的印痕和创造精神文明的印证等。要发挥好茶文化惠民功能，就要大力推进茶文化"五进"服务体系建设，重心下移，覆盖基层，让人民群众从茶文化传承发展中获得看得见、摸得着、受得到的实惠。

从以文化国来观察，茶文化具有让"每个人全面而自由发展"的人文魅力，包括文化立国硬实力、文化兴国软实力、文化强国巧实力等。要发挥好茶文化富民功能，不断完善促进优秀传统文化发展的政策，做大做强茶文化产业，激发茶文化发展活力，吸引更多人投身到茶文化创意产业，携手构筑美好生活需要共同体。

（二）"五进"打造五种能力

有人说"决定人生层次的不是巅峰时刻的高度，而是触底反弹的硬度。"人生上半场，也许拼的是激情与执着，人生下半场，拼的就是后退的空间与能量。知识是技术技能技巧综合体现，主要靠勤奋学习长期积累。文化是人类社会文明程度的标志，主要靠自身修养修炼，由知识到文化的升华是一种曼妙的境界。人文精神的实质就是哲学精神，就是一种思考的维度，是一种理性的自豪，它能带领着人们理性地前行。人们不在这种维度上思考，就不会产生人文精神，只剩下当前盛行的感性、情怀了。

第一种能力，是养成并保持学习的能力。既要掌握学习的能力，更要养成合作的习惯。学习的能力不是指掌握知识和技能，而是指认知世界、理解世界的能力。学习的能力不仅仅来自阅读，更多的还有走出去看世界、观察世界、思考世界、品味世界。只有这样才能拥有开阔的视野。宽容是人类最高的智慧之一，它会使人类增进幸福。掌握了学习的能力和拥有合作的习惯，才能更好地适应新时代新需求，才可事业顺利，生活美好。

第二种能力，是独立思考的能力。这是中国教育体系普遍缺乏的一种培养能力，几十年如一日地延续着做标准答案走过来的教育，进入新时代，信息如此发达、如此智能，理应进行变革。未来唯有独立思考可能是人类区别人工智能的重要标志之一。没有独立思考的个人，不会产生创新型社会；缺乏好奇心和想象力的人生，一定是乏味的、悲剧的人生。

第三种能力，是自主选择的能力。具有学习能力的人，能够独立思考的人，也一定是拥有自主选择能力的人，自然是创新能力很强的人。人生之路，关键就在紧要关头的几步。在做出人生选择的时候，应该注重比较自己的劣势。了解自己的不足却不回避，一味地同他人比较，盲目跟风，无异于铤而走险。

第四种能力，是审美能力。对个人而言，审美是一种品质和修养。一个审美能力低下的民族不仅素养、品格不高，道德水准也会有问题。审美是一种尊严意识，是一种自我尊重，也是对别人的尊重。审美可以让人知晓世界上的美好与丑恶，它告知每一个人，人类的行为应当是有底线的，有些事情是绝对不可去碰、不可去做，而不是为达目的不择手段。

第五种能力，是使命担当能力。一个人做好自己每一个人生阶段中应该做好的事情，把自己喜欢做的事情尽可能地做到极致，你就是一个具有使命感的人。要想实现伟大复兴的中国梦，茶文化就要树立承担为国培育具有使命担当人才的责任。

三、"六茶共舞"多彩生活

2019年我国国内生产总值为99.0865万亿元，其中第一产业70467亿元、第二产业386165亿元、第三产业534233亿元，分别占比7.1%、38.98%、53.92%，三个产业产值比例约为7：39：54。而我国2018年茶业生产总值为5157亿元，其中第一产业2157亿元、第二产业1500亿元、第三产业1500亿元，分别占比41.82%、29.09%、29.09%，三个产业产值比例为42：29：29。由此可见我国茶业产业结构严重失调，亟需优化。2018年，全国干毛茶产量为261.6万吨，其中国内茶叶销售量达到191万吨，进口茶叶量为3.55万吨，出口总量达36.5万吨，净剩37.65万吨，约占14.4%，存在明显产能过剩。2019年我国全年社会消费品零售总额411649亿元，比上年增长8%，其中网上销售额106324亿元，比上年增长16.5%，最终消费支出对GDP贡献率57.8%，给我国茶叶产业链尤其向第三产业延伸提供极大拓展空间。现代茶业发展至今，至少也有上百年的历史，但现代科学技术对茶产业值的贡献度一直停留在修修补补的改良程度，始终未能呈现跨越式的改革创新格局，2020年新冠肺炎疫情对春茶影响就是一个暴露茶业生产现代科技贡献度窗口。以上"产业结构亟需优化、茶叶生产产能过剩、现代科技对茶产业贡献度不足"为三大茶产业弊端，需升级为一种新的现代茶产业体系即"全价利用""六茶共舞""三产优化"构筑。

传统茶业发展的核心路径是，良好农业规范（GAP）、良好生产规范（GMP）、营销渠道（MC）的建设和发展。茶产业是农业中最富有发展性的特色产业之一，针对传统茶产业存在优良经济性状种植资源匮乏，传统茶园设施陈旧，生产技术滞后及装备连续化程度低，工艺清洁化程度不够等问题，应围绕茶树种质资源创新、特异性品种选育、生态茶园建设、茶叶加工及配套装备等方面的重大关键技术问题进行集中攻关。研发出一批新技术、新工艺、新装备、新管理模式，促进名优茶产业的技术升级，实现传统茶产业标准化、低碳化、高值化发展。为传统茶业注入新的活力，特别在我国的国际茶叶贸易中，显得非常重要。

（一）茶叶全价利用

"全价利用、跨界开发"是科技创新、文化引领、商业模式创新、生态保护、政产学研机制深化，跨食品、医药、日化、水产、畜牧、种植等行业，集科技、商贸、休闲、旅游、社区等多元一体的产业优化发展形态与行为。茶资源"全价利用、跨界开发"内涵不仅仅局限在科技方面的创新，还包括微观层面、文化传播和市场运作等多层面，将茶产业从传统红海推向现代蓝海。茶资源全价利用是现代茶业优化发展的有效路径之一，是一门新兴学科，它是以茶树（含茶树根、茎、叶、花、果等）为基本原料，以现代科技手段，对其内含物（主要是功能性成分）进行全方位利用和开发，最大限度地发挥茶的消费价值。茶树全身各部分都不同程度地含有多种有开发价值的功能成分物质。目前传统茶叶生产加工只是较多地

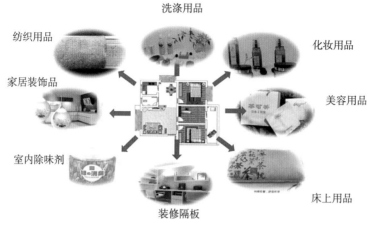

洗涤用品

纺织用品

化妆用品

家居装饰品

美容用品

室内除味剂

床上用品

装修隔板

图6-3　茶资源利用

利用了茶树的较幼嫩的芽叶部分，而其余各部分基本未被科学合理地开发利用。茶资源全价利用就是充分挖掘这些功能性成分的营养保健功效、药用价值、其他功能价值（图6-3）。通常，茶资源因选择性采摘遗弃的"废弃物"约占可采量50%，原茶加工过程产生"废弃物"约占采摘量20%，泡饮和深加工提取后产生的"废弃物"约占投泡量70%，这些严重的资源浪费，使全价利用茶资源成为必要。而膜分离、超微粉、超临界萃取、改性技术、分离重组等相关科学技术的产业应用使全价利用茶资源成为可能。

（二）茶资源跨界开发

"风物长宜放眼量"，跳出茶业研究茶业，实现茶资源衍生产品的跨界产品开发是全价利用理念的最终归宿，是现代茶业优化发展的必由路径。现代社会进入求新、求异、求变的消费多元时代。对于茶饮，人们不仅消费传统的大宗茶、名优茶，而且将有更多的人群喜爱袋泡茶、速溶茶、保健茶以及各种茶饮料，特殊人群需求茶功能成分（如茶多酚、茶色素、茶氨酸）开发的产品。围绕资茶源的"全价利用、跨界开发"理念，在科技层次上进行实践，形成了四大科技创新体系，即茶-食品-健康产业协同创新体系、茶-医药-绿色产业升级创新体系、茶-日化-天然产业跨界创新体系、茶-其他产业领域融合创新体系。开展系列茶食品如茶烘焙食品、现代茶饮料、全茶糖果、茶豆制品、茶肉制品、茶乳制品等；以茶功能成分（茶多酚、儿茶素、茶氨酸、茶黄素、茶皂素、茶多糖、茶色素、咖啡因等）为功效的茶保健食品，如具有抗氧化的茶多酚片剂、降血脂的茶黄素软胶囊、安神和提高记忆力的茶氨酸胶囊等；生态循环模式体系则是将茶渣、茶修剪枝条等栽培食用菌，菌糠做禽畜饲料或有机肥料完成回归茶园的循环。因此，茶资源衍生产品可以是饮品、食品、保健品、日用品、旅游消费品、药品、工业产品，或者是这些产品的组成部分，应用领域将不断扩张，全新的茶资源利用市场将快速拓展和进一步细分，让茶叶得到真正意义上全价利用。

总之，从营销角度思考，传统茶业是"红海"产业，现代茶业是"蓝海"产业，充满无限的发展空间。传统茶产业优化发展路径：良好农业规范（GAP）→良好生产规范（GMP）→营销渠道建设（MC）。现代茶产业创新发展路径：茶资源"全价利用、跨界开发"，即时间维度的春夏秋三季茶资源利用，空间维度的茶植株的根茎果花叶的多组织器官利用，产业维度的一、二、三产融合发展；产业逻辑重构，行业的文化呈现要紧密结合生产和生活诉求，以满足消费者多元的利益作为终极目标，让生活因茶更美好。

（三）六茶共舞和三产优化

文化产业最重要的价值不仅仅在于提供文化产业增加值，而是提供文化附加值，通过文化和其他传统行业以及新技术的结合，来推动整个经济的发展。从这个角度来讲，文化产业是能够引领和推动整个经济转型和升级的产业。根据发达国家的发展实践，当一国的人均GDP突破5000美元之后，文化业将处于高速发展期。根据国家统计局发布数据表明，2014年，我国国内生产总值63.6万亿元，人均GDP超过7000美元，2016年，国内生产总值达到74.4万亿元，人均GDP超过8000美元，2019年，国内生产总值达到99.09万亿元，人均GDP超过10100美元，我国文化业已经进入集约式的、较高水平的中级发展阶段。

所谓"六茶共舞"，是从喝茶、饮茶、吃茶、用茶、玩茶、事茶六项进行深入协调开发创新，打破"六大茶类"固有属性束缚，百花齐放。"三产优化"，则是指有效融合一二三产业，打重拳、套拳、组合拳，将茶产业从单一产业转变为复合产业，优化二三产结构比例，尤其是第三产业，充分发挥茶文化创意产业的软硬双实力功能，为人们追求美好生活向往提供软需求和硬需求做贡献，为中国茶产业和茶文化蓬勃发展开创新天地，早日实现中国茶业从"茶叶大国"到"茶叶强国"的华丽转身。

喝茶有益健康，建议多喝茶。喝茶因文化而丰富，不仅可以满足人的生理之需、健康之需，还可以满足精神之需、品位之需；喝茶，已经成为一种慢生活的休闲方式。

饮料茶是一种改变饮用水市场格局的茶饮料。主要适应年轻一代的需求，让茶饮转变为轻盈快捷的方式，展现品质、便捷、简约、时尚、经济、健康的茶生活。进入旅游休闲、健康养生新时代，研发开发功能茶、调饮茶、茶酒等时尚、健康茶饮品市场潜力巨大。

吃茶，更能发挥茶对人类身心健康的重大作用。绿色、安全的生态茶，广泛应用于茶餐肴、茶食品、茶保健品、茶药品等跨界行业。抹茶发展前景良好，可直接冲泡饮用，也可做抹茶冰淇淋、抹茶食品等各种茶叶食品。

用茶，茶叶全价利用的重要用武之地，更是科技贡献率提升的最佳切入口。茶叶可以初步加工出茶巾、茶袜、茶枕头、茶靠垫、茶服、茶挂件、茶摆件、茶墙砖、茶面板等生活用品或工艺品；还可跨界深加工成美容化妆、养生保健、日化、医药、添加剂等衍生品。

玩茶，以文化为魂，集吃、喝、玩、乐、游、养、文于一体，是"六茶共舞"综合体现。既以养生健体、文化娱乐、服务体验为主旨，又以茶旅结合、茶文融合、茶养契合为载体，发挥着讲好中国故事，擦亮中国茶文化名片的独特作用，称得上一种美好茶生活集大成方式。

事茶，是茶产业供给侧结构性改革的重要内容，是促进茶与茶文化事业繁荣发展工作的总称。具体包括茶生产、茶经营、茶服务、茶文化、茶金融、茶事业等系列工作和活动。

第三节 中国茶·和天下

一、茶为国饮

"茶为国饮"是中国国际茶文化研究会第二任会长刘枫对茶的历史概括。在2004年3月的全国政协十届二次会议上，作为全国政协委员的刘枫会长提交了《关于确定茶为中国"国饮"的建议》的提案，在全国引起强烈反响，得到了国家有关部门和社会各界的充分肯定和广泛支持（图6-8）。如今"茶为国饮"的理念，已在全国范围内深入人心，形成了普遍共识。2006年春天，在西湖龙井产茶区西湖边设置由全国人大常委会原委员长乔石同志题字的"茶为国饮、杭为茶都"石刻碑亭。

刘枫在《倡导茶为国饮》一文中说："就是要通过推广，让饮茶不仅成为中国的一种民俗，而且在国际上成为一种民族文化的象征符号。""当以茶会友、以茶清政、以茶修德成为国人自觉普遍的习俗时，我们才算有了真正意义上的国饮"。

"茶为国饮"经历了呼吁倡导、培育成长及创新发展三个阶段。2003—2008年主要处于呼吁倡导阶段。倡导"茶为国饮"，有利于国家经济的发展；有利于国民身体健康；有利于民族文化的传扬；有利于在世界范围内扩大中国的茶影响。2004年8月，杭州市与八个"国字号"茶叶机构签订了战略合作框架协议，合力打造"茶为国饮，杭为茶都"品牌（八个"国字号"茶叶机构为中国国际茶文化研究会、中国茶叶学会、中国农科院茶叶研究所、全国供销合作总社杭州茶叶研究院、国家茶叶质量监督检测中心、原农业部茶叶质量监督检测中心、中国茶叶博物馆、浙江大学茶学系）。"全民饮茶日"的倡议发布于2005年春天。在"中国（杭州）西湖国际茶文化博览会"期间，在杭州的八家国家茶叶科研、教育、文化专业机构和社会团体提出了"倡导'茶为国饮'，打造'杭为茶都'"倡议书，建议设立"全民饮茶日"，宣传科学饮茶。

2009—2014年主要处于培育形成阶段。通过"全民饮茶日"（口号"今天你喝茶了吗"），影响和带动更多的年轻人爱上饮茶，使饮茶真正成为国饮。2009年春天，八家国家茶叶机构建议在春天谷雨节气设立"全民饮茶日"，弘扬中华茶礼，倡导饮茶、奉茶。经过2009年主题为"茶与健康"的第一届全民饮茶日（全国15个城市举办）、2010年主题为"茶与运河"的第二届全民饮茶日、2011年主题为"茶与生态"的第三届全民饮茶日，至2012年3月31日——杭州市十一届人大常委会第三十九次会议正式决定将每年农历谷雨日设立为杭州的"全民饮茶日"，开中国茶事之先风，为"茶为国饮"之表率，营造了"知茶、爱茶、饮茶"的良好社会氛围。2012年4月20日成功举办了主题为"茶与青春"的第四届全民饮茶日暨第一届万人品茶大会，2013年顺利举办全民饮茶日暨第二届万人品茶大会（主题为"茶与生活方式"）。2014年全民饮茶日暨第三届万人品茶大会（主题为"茶与爱情"）在杭州成功举办。杭州的各分会场、国内50多个城市以及法国巴黎的各分会场也联动响应进行茶事活动。

2013年3月22日新任国家主席习近平启程对俄罗斯和非洲三国进行国事访问，首次提及始于17世纪的连通中俄的"万里茶道"，并将其与当今"世纪动脉"并列，正式开启了习主席的茶叙外交。2014年4月1日，习主席在比利时进行国事访问时发表了著名的"茶酒论"，即茶和酒不是不可兼容的，人们既可以酒逢知己千杯少，也可以品茶品味品人生。以茶比喻东方文明，提出中国"和而不同"的文化主张，用"和"诠释人类各种文明的兼容。2014年7月16日，习近平主席在巴西国会发表演讲时提到"200年前，首批中国茶农就跨越千山万水来到巴西种茶授艺。"党的十八大以后，习主席更是多次在中外公开场合谈论茶文化：在俄罗斯谈及"万里茶道"、在比利时发表"茶酒论"、在巴西激情论述"茶之友谊"……茶叶优雅的身影与我国一直以来所坚持的君子外交政策相得益彰，茶在外交场合的频频出现向全世界呈现出其独特的文化魅力。茶成为名副其实的"国饮"。

2015年至今是"茶为国饮"创新发展期。2015年开始，全民饮茶日已经在全国各地蔚然成风。2016年杭州G20峰会，茶宴、采茶舞曲等茶主题多次融入峰会。习近平总书记为2017年首届中国茶叶博览会发来贺词，全球政党大会海报上呈现"茶和天下"构建人类命运共同体意象。截止到2018年底，习主席先后与多国元首茶叙，茶事外交呈现常态化。外国元首请到访的习主席品茶，是他们了解习主席爱茶；习主席请来访的元首品茶，则体现了国人传统礼仪——客来敬茶。但不管在国外还是在国内，可以体会和感悟茶在外事活动中，以茶会友，以茶联谊，交流合作，互利共赢的内涵。2019年11月27日，联合国大会宣布确立我国主导推动的"国际茶日"，2020年5月21日，迎来首个国际茶日。

"国饮"不光是"以茶会友""以茶清政""以茶修德"的一种"习俗"，还是丰富人们物质生活的一种享受。"让茶融入我们生活之中""让茶作为我们日常生活的伴侣"！倡导茶为国饮，不仅因为茶的内在价值，吻合了新世纪人类发展的内在需求；而且更是代表着未来。我们倡导茶为国饮，并不排斥其他有益饮料，也不是为"文化遗产"上标签，而是要与倡导新生活、新价值观联系起来。要进一步加大宣传力度，真正把饮茶确立为一种全民的健康生活方式；要深入发掘茶的内在思想精神和文化价值，弘扬茶德，弘扬民族文化；要倡导以茶为礼，以茶会友，推进社会主义和谐社会的建设；要充分发挥茶及茶文化作为"亲善"使者的作用，促进东西方文化的交流；要让茶的开发与新科技、新产业、新消费方式有机结合，树立品牌，不断创新，使茶在新世纪焕发出新的旺盛生命力。

二、国际茶日

2019年11月27日，第74届联合国大会宣布每年的5月21日为"国际茶日"，以赞美茶叶的经济、社会和文化价值，促进全球茶业的可持续发展。

大会决议表示：茶叶生产和加工是发展中国家数百万家庭的主要生计来源，也是若干最不发达国家数百万贫困家庭的主要谋生手段。茶叶生产与加工有助于应对饥饿、减少极端贫困、增强妇女权能、可持续利用陆地生态系统。茶行业是一部分最贫困国家主要的收入及出口收益来源，同时作为劳动密集型行业，茶行业也能提供大量就业，尤其在偏远经济欠发达地区。联合国大会决议希望国际社会根据各国侧重以适当的方式庆祝"国际茶日"，通过教育及各类活动帮助公众更好地了解茶叶对农业发展和可持续生计等的重要性。

目前，全球产茶国和地区已达60多个，茶叶产量近600万吨，贸易量超过200万吨，饮茶人口超过20亿。茶叶作为最重要的经济作物之一，已经成为很多国家特别是发展中国家的农业支柱产业和农民收入的重要来源。将"国际茶日"确定为5月21日是由我国主导推动的，这是世界对中国茶文化的认同，将有助于我国同各国茶文化的交融互鉴，茶产业的协同发展，共同维护茶农利益。

中国主张将5月21日设立为"国际茶日"的阐释理由如下：

一是具有国际普遍性。春季是茶叶主产国新茶大量上市的季节，"国际茶日"设在春季，与春茶生产、贸易集中时期高度吻合。

二是具有推广便利性。5月21日正值世界茶叶主产国春夏之交，气候适宜，便于各类庆祝活动的开展。同时，春季象征希望和美好，符合茶的寓意。

三是具有茶叶特殊性。联合国粮农组织政府间茶叶工作组会议固定在5月中旬召开，"国际茶日"设在5月21日正好与工作组会议相互衔接，有利于进一步扩大茶叶的国际影响。

三、国际经典茶会

（一）国际无我茶会

无我茶会是一种"大家参与"的茶会，人人泡茶，人人敬茶，人人品茶，一味同心。由我国时任台湾陆羽茶艺中心总经理的蔡荣章先生，于1990年6月2日最先建议和构思，并组织陆羽茶道教室的同学们，在台湾妙慧佛堂进行了首次佛堂茶会。经反复改进与再实践，同年12月18日，在台湾十方禅林举办了首届国际无我茶会。

1991年10月14—20日，由中、日、韩三国七家单位携手福建和香港分别举办了"幔亭无我茶会"，并在武夷山树立了纪念碑。从1992年开始，每隔2年在不同地方举办一次国际无我茶会。以其自然、和谐的形式受到广泛赞誉，参加者从几十人发展到上千人，至2019年已举办了17届。参加活动的茶友自备茶具，席地围成一圈泡茶，一般约定每人泡茶四杯，泡好后把其中三杯奉给左邻的三位茶侣，一杯留给自己，形成人人泡茶，人人敬茶，人人品茶，一味同心。

无我茶会是一种"大家参与"的茶会，举办成败与否，取决于无我茶会的精神遵守。

第一，无尊卑之分。茶会不设贵宾席，参加茶会者的座位由抽签决定，自己将奉茶给谁喝，自己可喝到谁奉的茶，事先并不知道，人人都有平等的机会。

第二，无求报偿之心。参加茶会的每个人泡的茶都是奉给左边的茶侣，现时自己所品之茶却来自右边茶侣，人人都为他人服务，而不求对方报偿。

第三，无好恶之分。每人品尝四杯不同的茶，因为事先不得约定，难免会喝到平日不常喝甚至不喜欢的茶，与会者要以客观心情来欣赏每一杯茶，从中感受长处，开放接纳多种茶。

第四，时时保持精进之心。自己每泡一道茶，自己都品一杯，每杯泡得如何，与他人泡的相比有何差别，要时时校验使自己的茶艺精深。

第五，遵守公告约定。茶会进行时并无司仪（指挥），大家都按事先公告项目进行，养成自觉遵守约定的美德。

第六，培养集体默契。茶会进行时，均不说话，用心泡茶、奉茶、品茶，时时自觉调整，使整个茶会节拍一致，并专心欣赏音乐或聆听演讲，心灵相通，保持会场宁静、气氛祥和。

（二）中华茶奥会

中华茶奥会是我国首个以茶为主题的奥林匹克盛会，以赛、品、论、展等多种形式展呈纷繁茶事，是国家"一带一路"倡议下茶产业转型升级的重要组成部分。由时任中华全国供销合作总社杭州茶叶研究院张士康院长发起，源于全国武林斗茶大会。即2014年10月24—26日，第四届全国武林斗茶大会暨首届中华茶奥会在茶都名园举行。茶奥会作为一个平台，使得与茶叶关联的各方在产、学、研、政、销之间形成互动、交集和高效的传播通道。

中华茶奥会每年的11月举办一次，目前已经举办六届，有来自全球20余个国家和地区6000余名选手参过赛，由中国国际茶文化研究会、浙江大学、中华全国供销合作总社杭州茶叶研究院、中华茶人联谊会、杭州市人民政府等联合主办。茶奥会以"5＋1＋X"的形式呈现，"5"为最基本的五大赛事、"X"为增加赛项、"1"则是高峰论坛。其中五大基本赛事有：茶艺大赛、仿宋茗战、茶品鉴及沏泡技艺竞赛、茶席与茶空间设计赛、"茶＋"调饮赛；增加赛项有：茶服设计赛、"茶说家"演讲大赛、茶具设计赛等。根据举办场地，中华茶奥会可以分为茶都名园时代和龙坞茶镇时代。茶都名园时代可分为两个阶段，2014—2015年的开创探索阶段，主要完成了茶奥会基础夯实，框架初立，赛会程式培育；2016—2017年的规范成长阶段，主要完成了科学设计赛项，规范组织程序，承前启后，扬长补短。龙坞茶镇时代则是2018年至今的升级发展期，构筑上半年"茶博会"和下半年"茶奥会"的一年两次会的"杭为茶都、传承国饮"相匹配的国际茶事大格局。

中华茶奥会已成为世界上爱茶者的交流展示平台，以"科技茶奥、品质茶奥、人文茶奥、活力茶奥、时尚茶奥"为主题，以"传承、创新、融合、共享"为理念，以"开放性、丰富性、规范性、权威性、圆满性"为目标，旨在使茶成为民生之福、时尚之饮、文化之承、融合之美的最佳代言；作为茶博会的延续，茶奥会积极营造和谐共赢、美美与共的"六茶共舞"氛围，打造以茶为媒、以茶会友，交流合作、互利共赢平台。

（三）中国国际茶叶博览会

中国国际茶叶博览会，经党中央、国务院批准，由农业农村部和浙江省人民政府共同主办的唯一国家级、国际性的茶叶类博览会（标识见图6-4）。每年举办一次，永久落户杭州，举办地为杭州G20峰会举办地——杭州国际博览中心，举办时间通常为每年的5月中旬，会期4～5天。是迄今中国乃至世界举办的由政府官方主导的最权威、最具影响力的茶叶盛会，是全国茶界倾行业之力共同打造的茶产业、茶贸易、茶科技、茶文化的顶级世界交流平台。自2020年开始，中国国际茶叶博览会与每年5月21日的国际茶日有机融合，一定会为世界搭建一个更有国际范的茶叶

图6-4　中国国际茶叶博览会标识

全球交流平台。在第一届中国国际茶叶博览会，收到中共中央总书记、国家主席习近平致贺信："中国是茶的故乡。茶叶深深融入中国人生活，成为传承中华文化的重要载体。从古代丝绸之路、茶马古道、茶船古道，到今天丝绸之路经济带、21世纪海上丝绸之路，茶穿越历史、跨越国界，深受世界各国人民喜爱。希望你们弘扬中国茶文化，以茶为媒、以茶会友，交流合作、互利共赢，把国际茶博会打造成中国同世界交流合作的一个重要平台，共同推进世界茶业发展，谱写茶产业和茶文化发展新篇章。"

四、中国茶走向世界

中国是茶的故乡，中国是茶文化的发祥地。茶是中国与世界各国交流与合作的桥梁纽带。从公元5世纪开始，通过陆上和海上丝绸之路、茶马古道，中国茶及茶文化流传到世界各地。9世纪唐朝茶叶开始传入朝鲜、日本，15世纪初明代郑和下西洋，将中国茶叶带到了东南亚、阿拉伯半岛，直至非洲东岸；17世纪中国茶叶开始销往欧洲，1712年法国出版了《茶颂》，饮茶之风迅速风靡欧洲；200多年前首批中国茶农跨越千山万水到巴西种茶授艺，100多年前中国的茶师把种茶、制茶技术带到了黑海边的格鲁吉亚。

公认的第一个品尝中国茶的欧洲人，葡萄牙人加斯帕·达·克罗兹神父曾在他撰写的《中国志》中写道：如果有人或几个人造访某个体面人家，那习惯的做法是向客人献上一种他们称为茶的热水。在小说《傲慢与偏见》里，主人餐后必有茶席，开茶会，饮的就是中国茶。英国民谣这样唱道："当时钟敲响四下，世上一切瞬间为茶而停了。"1662年，葡萄牙公主凯瑟琳嫁给英王查理二世，她的陪嫁物品中，就有中国茶具和红茶。她在英国宫廷，向英国王室和贵族展示了茶文化的风雅，掀起一阵"中国风"。"中国风"不仅席卷英伦，还风靡世界，从17世纪到18世纪，全世界都流行"吃茶去"；而中国，则是唯一能出口茶叶的国家。今日闻名世界的阿萨姆红茶（产自印度东北部阿萨姆邦），锡兰红茶（产自今斯里兰卡），大吉岭红茶（产自印度孟加拉邦大吉岭高原）等茶种，是引福建武夷山脉的正山小种等茶种与当地野生茶树杂交而来。中国茶树在印度、斯里兰卡等地种植成功，迄今为止，全世界种茶国家已达60多个，170多个国家和地区的20多亿人钟情于饮茶。

现在，全球茶叶产量超过600万吨，贸易量超过200万吨，饮茶人口超过20亿。茶产业已成为很多国家特别是发展中国家的农业支柱产业和农民收入的重要来源，茶文化已成为全世界共同的精神财富。一代又一代的"丝路人"以茶为媒，以茶会友，架起了各国间合作的纽带、和平的桥梁。茶叶作为古丝绸之路的标志性产品，必将为推进"一带一路"建设做出新的贡献。当前，世界多极化、经济全球化、社会信息化、文化多样化深入发展，全球茶产业发展面临大好时机。我们要推进国际茶业技术创新大合作，推动全球茶产业转型升级；就是要搭建全球茶产品营销推介大平台，促进生产、流通、消费有效衔接，让中国好茶走向世界，让世界好茶走进中国；将茶产业发展与茶文化传承相融合，让栽茶、采茶、品茶等传统民间技艺、乡风民俗不断发扬光大，勾勒"醉"美茶园，讲述中国茶故事，让世界通过一片小小的茶叶，触摸中华文化脉搏，感知当代中国发展活力。让中国茶更广泛、更深入地走向世界。茶早已跨越国界、跨越民族、跨越语言，以其清香淡雅赢得了世界各国人民的喜爱。

　　茶，源于中国，遍传世界；茶，健康之饮，惠泽世界；茶，一叶乾坤，影响世界；茶，推动交流，丰富世界；茶，中国风范，和谐世界。在千百年的漫长岁月中，茶叶承载着泱泱中华文明，跨越无尽的山海，其芬芳已散播世界诸多国家与地区，给人类带去健康与精神享受，在不同国度和地区形成了丰富而特色鲜明的饮茶文化，但无论是以"禅"为中心、尚"侘寂"的日本茶道；以表"礼敬"为核心，尚"中正"的韩国茶礼；还是以"社交"为目的，以"高贵"为特色的英国下午茶，抑或俄罗斯人围坐"茶炊"，喝着"果酱茶"的日常生活，均呈现出强大的"致和"功能。正如日本思想家冈仓天心所说："东西方彼此差异的人心，在茶碗里才真正地相知相遇。"承载"礼仪之邦"文明的中国茶走出国门、走向世界的历史，也是中华文明积极参与构建和汇通世界文明的历史。"茗者八方皆好客，道处清风自然来。"在众多国际友人对中国茶的喜爱以及折服于中国茶文化的魅力，鲜活地证明了"茶是中国给予世界最好的礼物！""国际茶日"的到来，必将翻开"中国茶·和天下"新篇章。

参考文献

［1］ 吴觉农. 茶经述评［M］. 2版. 北京：中国农业出版社，2015.

［2］ 陈宗懋. 中国茶叶大辞典［M］. 北京：中国轻工业出版社，2015.

［3］ 程启坤，姚国坤，张莉颖. 茶及茶文化二十一讲［M］. 上海：上海文化出版社，2011.

［4］ 张士康. 中国茶产业优化发展路径［M］. 杭州：浙江大学出版社，2015.

［5］ 王岳飞，徐平. 茶文化与茶健康［M］. 2版. 北京：旅游教育出版社，2017.

［6］ 张星海. 茶艺传承创新［M］. 北京：中国商务出版社，2017.

［7］ 王旭烽. 茶文化通论［M］. 杭州：浙江大学出版社，2020.

［8］ 刘枫. 新茶经［M］. 北京：中央文献出版社，2015.

［9］ 程启坤. 古今名茶［M］. 北京：中央广播电视大学出版社，2015.

［10］姚国坤. 中国名优茶地图［M］. 上海：上海文化出版社，2013.

［11］中国茶叶博物馆. 话说中国茶［M］. 北京：中国农业出版社，2011.

［12］陈椽. 茶业通史［M］. 2版. 北京：中国农业出版社，2008.

［13］苏叔阳. 中国读本（经典版）［M］. 北京：人民邮电出版社，2015.

［14］李旭. 茶马古道考察记［J］. 新西部，2018（6）：13–16.

［15］张永国. 茶马古道与茶马贸易的历史与价值［J］. 西藏大学学报，2006，21（2）：34–39.

［16］杨麦. 茶船古道的历史成因、发展及其影响［J］. 广西职业技术学院学报，2019，12（3）：32–43.

［17］张颖彬，刘栩，鲁成银. 中国茶叶感官审评术语基元语素研究与风味轮构建［J］. 茶叶科学，2019，39（4）：480–483.

［18］鲁成银. 小产区茶的价值与未来［J］. 中国茶叶，2016（10）：4–6.

［19］王新超，王璐，郝心愿，等. 中国茶树遗传育种40年［J］. 中国茶叶，2019（5）：1–4.

［20］阮建云. 中国茶树栽培40年［J］. 中国茶叶，2019（7）：1–5.

［21］王江用文，袁海波，滑金杰. 中国茶叶加工40年［J］. 中国茶叶，2019（8）：1–4.

［22］刘仲华. 中国茶叶深加工40年［J］. 中国茶叶，2019（11）：1–6.

［23］刘新，陈红平，王国庆. 中国茶叶质量安全40年［J］. 中国茶叶，2019（12）：5–7.